AutoCAD 2016机械设计经典课堂

崔雅博　高亚娜　杨　雄　编著

清华大学出版社
北京

内 容 提 要

本书以AutoCAD 2016为写作平台，以"理论+应用"为创作导向，用简洁的形式、通俗的语言，对AutoCAD软件的应用以及一系列典型的实例进行了全面讲解。

全书共12章，分别对AutoCAD绘图知识、机械图形的绘制、机械模型的创建以及机械装配图的绘制进行了详细阐述，其中，主要知识点涵盖了机械设计基础知识、AutoCAD入门知识、图层的应用与管理、二维图形的绘制和编辑、图块的创建与应用、文字和表格的应用、尺寸标注的应用、图形的输出与打印以及三维模型的创建等内容。

本书结构清晰，思路明确，内容丰富，语言简练，解说详略得当，既有鲜明的基础性，也有很强的实用性。

本书既可作为大中专院校及高等院校相关专业学生的学习用书，又可作为机械设计从业人员的参考用书。同时，还可作为社会各类AutoCAD培训班的首选教材。

图书在版编目(CIP)数据

AutoCAD 2016机械设计经典课堂 / 崔雅博，高亚娜，杨雄编著. —北京：清华大学出版社，2018（2022.6重印）
ISBN 978-7-302-49468-3

Ⅰ. ①A… Ⅱ. ①崔… ②高… ③杨… Ⅲ. ①机械设计—计算机辅助设计—AutoCAD软件—教材 Ⅳ. ①TH122

中国版本图书馆CIP数据核字（2018）第020913号

责任编辑：陈冬梅
封面设计：杨玉兰
责任校对：李玉茹
责任印制：朱雨萌

出版发行：清华大学出版社
网　　　址：http://www.tup.com.cn，http://www.wqbook.com
地　　　址：北京清华大学学研大厦A座　　　　邮　　编：100084
社 总 机：010-83470000　　　　　　　　　　邮　　购：010-62786544
投稿与读者服务：010-62776969，c-service@tup.tsinghua.edu.cn
质量反馈：010-62772015，zhiliang@tup.tsinghua.edu.cn
印 刷 者：北京富博印刷有限公司
装 订 者：北京市密云县京文制本装订厂
经　　销：全国新华书店
开　　本：200mm×260mm　　　印　　张：16.75　　　字　　数：405千字
版　　次：2018年4月第1版　　　印　　次：2022年6月第4次印刷
定　　价：49.00元

产品编号：077200-01

为何要学习 AutoCAD？

设计图是设计师的语言，作为一名优秀的设计师，除了有丰富的设计经验外，还必须掌握相关的绘图技术。早期设计师们都采用手工制图，由于设计图纸具有随着设计方案的变化而变化的特点，使得设计师们需反复修改图纸，可想而知工作量是多么繁重。随着时代的进步，计算机绘图取代了手工绘图，从而被普遍应用到各个专业领域，其中 AutoCAD 软件应用最为广泛。从建筑到机械；从水利到市政；从服装到电气；从室内设计到园林景观，可以说凡是涉及机械制造或建筑施工行业，都能见到 AutoCAD 软件的身影。目前，AutoCAD 软件已成为各专业设计师必备技能之一，所以想成为一名出色的设计师，学习 AutoCAD 是必经之路。

AutoCAD 软件介绍

Autodesk 公司自 1982 年推出 AutoCAD 软件以来，先后经历了十多次的版本升级，目前主流版本为 AutoCAD 2016。新版本的界面根据用户需求做了更多的优化，旨在使用户更快完成常规任务、更轻松地找到更多常用命令。从功能上看，除了保留空间管理、图层管理、图形管理、面板的使用、块的使用、外部参照文件的使用等优点外，还增加了很多更为人性化的设计，例如新增了捕捉几何中心、调整尺寸标注宽度、智能标注以及云线等功能。

系列图书内容设置

本系列图书以 AutoCAD 2016 为写作平台，以"理论知识＋实际应用＋案例展示"为创作思路，向读者全面阐述了 AutoCAD 在设计领域中的强大功能。在讲解过程中，结合各领域的实际应用，对相关的行业知识进行了深度剖析，以辅助读者完成各种类型的设计工作。正所谓要"授人以渔"，读者不仅可以掌握这款绘图设计软件，还能利用它独立完成作品的创作。本系列图书包含以下图书作品：

⟹《AutoCAD 2016 中文版经典课堂》
⟹《AutoCAD 2016 室内设计经典课堂》
⟹《AutoCAD 2016 家具设计经典课堂》
⟹《AutoCAD 2016 园林设计经典课堂》
⟹《AutoCAD 2016 建筑设计经典课堂》
⟹《AutoCAD 2016 电气设计经典课堂》
⟹《AutoCAD 2016 机械设计经典课堂》

配套资源获取方式

目前市场上很多计算机图书中配有 DVD 光盘，但总是容易破损或无法正常读取。鉴于此，本系列

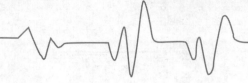

图书的资源可以通过以下方式获取。

需要获取本书配套实例、教学视频的老师可以发送邮件到：619831182@QQ.com 或添加微信公众号 DSSF007 回复"经典课堂"，制作者会在第一时间将其发至您的邮箱。

适用读者群体

本系列图书主要面向广大高等院校相关设计专业的学生；室内、建筑、园林景观、家具、机械以及电气设计的从业人员；除此之外，还可以作为社会各类 AutoCAD 培训班的学习教材，同时也是 AutoCAD 自学者的良师益友。

作者团队

本书由崔雅博、高亚娜、杨雄编著。本系列图书由高校教师、工作在一线的设计人员以及富有多年出版经验的老师共同编写。其中，刘鹏、王晓婷、汪仁斌、郝建华、刘宝锺、杨桦、李雪、徐慧玲、彭超、伏银恋、任海香、李瑞峰、杨继光、周杰、刘松云、吴蓓蕾、王赞赞、李霞丽、周婷婷、张静、张晨晨、张素花、赵盼盼、许亚平、刘佳玲、王浩、王博文等均参与了具体章节的编写工作，在此对他们的付出表示真诚的感谢。

致　谢

为了令本系列图书尽可能满足读者的需要，许多人付出了辛勤的劳动。在此，向参与本书出版工作的"ACAA 教育集团"和"Autodesk 中国教育管理中心"的领导及老师、出版社的策划编辑等人员，致以诚挚谢意。同时感谢清华大学出版社的所有编审人员为本系列图书的出版所付出的辛勤劳动。本系列图书在编写过程中力求严谨细致，但由于时间和精力有限，书中难免出现疏漏和不妥之处，希望各位读者多多包涵并批评指正，万分感谢！

读者在阅读本系列图书时，如遇到与本书有关的技术问题，可以通过添加微信号 dssf2016 进行咨询，或者在获取资源的公众平台中留言，我们将在第一时间与您互动解答。

编　者

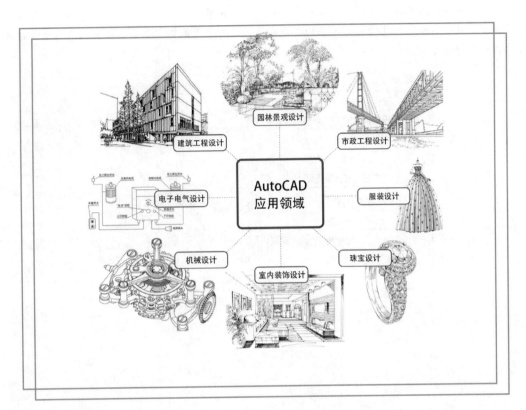

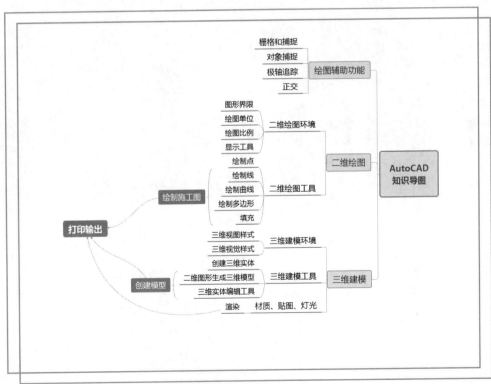

机械图纸是用来表示机械结构、形状、尺寸大小以及工作原理的设计图样。它由机械零件图和机械装配图这两大类图纸组成。其中零件图是表达零件结构和零件制造与检验的技术图纸，而装配图是表达机械中所属各零件与部件的装配关系和工作原理。这两类图纸相结合，才能真正表达出设计者的设计意图以及制造要求。

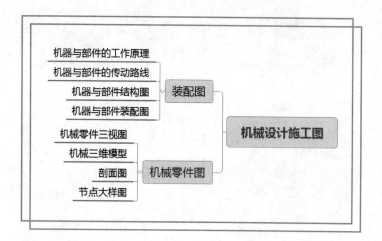

目录

第4章 编辑二维机械图形

第5章 图块在机械制图中的应用

第6章 尺寸、文本与表格的应用

第 7 章 输出与打印机械图纸

第 8 章 创建三维机械模型

第 9 章 编辑三维机械模型

第1章

AutoCAD 轻松入门

AutoCAD 是 Autodesk 公司开发的一款绘图软件，也是目前市场上使用率极高的辅助设计软件，被广泛应用于建筑、机械、电子、服装、化工及室内设计等工程设计领域。它可以更轻松地帮助用户实现数据设计、图形绘制等多项功能，从而极大地提高了设计人员的工作效率，并成为广大工程设计技术人员的必备工具。

知识要点

▲ 认识 AutoCAD 2016

▲ 设置绘图环境

▲ 图形文件的操作管理

1.1 机械设计概述

AutoCAD 作为一款通用的计算机辅助设计软件，在机械设计方面给予了强大的技术支持。该辅助技术提升了机械设计的效率和准确率，是增强机械产品竞争力的有效途径之一。

1.1.1 使用 AutoCAD 软件制图的好处

熟练使用 AutoCAD 软件绘制工程图已成为设计人员必须具备的基本素质和必要条件。利用 AutoCAD 绘制机械图形的优势有以下几点。

（1）强大的二维绘图功能

AutoCAD 提供了一系列二维绘图命令，用户可以方便地用各种方式绘制二维基本图形，如点、线、圆、圆弧、多段线、椭圆、正多边形等。也可以对指定的封闭区域填充图案，如剖面线、砖、砂石等，如图 1-1 所示为用 AutoCAD 绘制的二维轴承座图形。

（2）灵活的图形编辑功能

AutoCAD 软件为用户提供了灵活的图形编辑和修改功能，如移动、旋转、复制、镜像、缩放等操作命令，用户可以灵活地对选定图形进行编辑和修改，如图 1-2 所示为用镜像等命令绘制

的齿轮剖面图形。

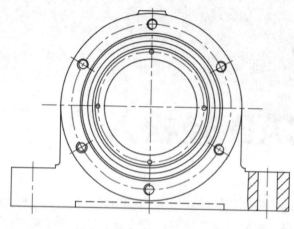

图 1-1   二维轴承座图形

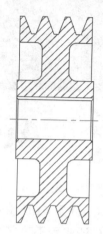

图 1-2   齿轮剖面图形

（3）逼真的实体模型功能

AutoCAD 软件提供了多种三维绘图命令，如创建长方体、圆柱体、球体、圆锥体、圆环以及三维网格、旋转网格等。可以将二维平面图形拉伸成三维模型，也可以通过对模型进行布尔运算，来生成更复杂的模型，如图 1-3 所示是利用 AutoCAD 三维建模功能创建的实体模型。

（4）标注和添加文字功能

利用 AutoCAD 软件提供的尺寸标注和添加文字功能，用户可以定义尺寸标注和文字样式，为绘制的图形标注尺寸、公差以及添加文字等，如图 1-4 所示是一个经过尺寸标注后的零件图。

图 1-3   楔体实体

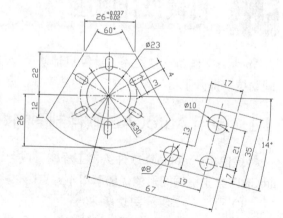

图 1-4   标注零件图

（5）显示控制功能

AutoCAD 提供了多种方法来控制图形的显示。缩放视图可以改变图形在显示区域中的相对大小；平移视图可以重新定位视图在绘图区中的显示位置；三维视图控制功能可以选择视点和投影方向，显示轴测图、透视图或平面视图，实现三维动态显示等。多视图控制能将屏幕分成多个窗口，每个窗口可以单独进行各种显示并能定义独立的用户坐标系。

1.1.2　机械制图基本知识

想要达到机械制图的标准，除了了解并掌握机械设计方面的专业知识外，还需要用户熟练地掌握 AutoCAD 的操作技巧，这样才能快捷、准确地绘制出符合行业规范和标准的工程图纸。下面将介绍机械制图的基本知识。

（1）基本视图

物体向 6 个基本投影面（物体在立方体的中心，投影到前后左右上下 6 个方向）投影所得的视图分别是俯视图、后视图、左视图、前视图、右视图、底视图，如图 1-5 所示为叉拨架零件的 6 个基本视图。

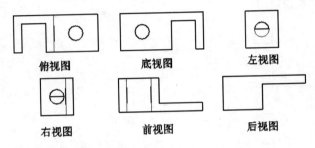

图 1-5　零件基本视图

（2）剖面图

为了了解机械内部结构及相关参数，有时需要对物体进行剖切，剖切所得的视图为剖面图，如图 1-6 所示为机械阀盖剖面图。

（3）尺寸标注

零件图上的尺寸是制造零件和检验零件的依据。因此，零件图上的尺寸标注除正确、完整、清晰外，还应尽可能合理，使标注的尺寸满足设计要求和便于加工测量，如图 1-7 所示，为零件图的尺寸标注。

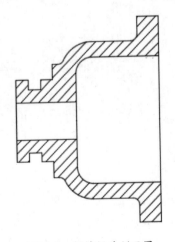

图 1-6　机械阀盖剖面图

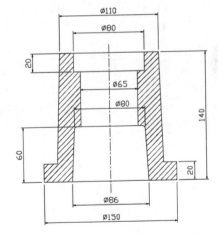

图 1-7　零件尺寸标注

（4）公差和形位公差

要求零件制造加工的尺寸绝对准确，实际上是做不到的。但是为了保证零件的互换性，设

计时需要根据零件的使用要求制定允许尺寸的变动量,这称为尺寸公差,简称公差。公差的数值愈小,即允许误差的变动范围越小,则越难加工,如图 1-8 所示为零件剖面图的公差标注。

经过加工的零件表面,不仅有尺寸误差,还有形状和位置误差。这些误差不但降低了零件的精度,同时也会影响使用性能。因此,国家标准规定了零件表面的形状和位置公差,简称形位公差,如图 1-9 所示为零件剖面图的形位公差标注。

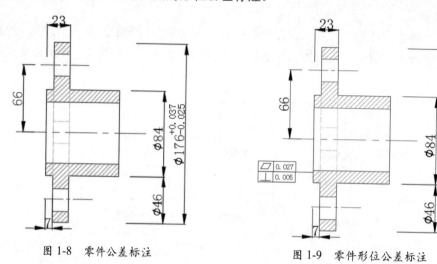

图 1-8　零件公差标注　　　　　　　　　　图 1-9　零件形位公差标注

（5）粗糙度符号

表面粗糙度是一种微观几何形状误差,是指零件加工表面上具有的较小间距和峰谷所组成的微观几何形状特性,评定表面粗糙度参值的大小,直接影响零件的配合性质、抗疲劳度、耐磨性、抗腐蚀性以及密封性,如图 1-10 所示为粗糙度符号。

表面粗糙度符号应标注在图样的轮廓线、尺寸界线或其延长线上,必要时可标注在指引线上,如图 1-11 所示为粗糙度符号在零件图中的应用。

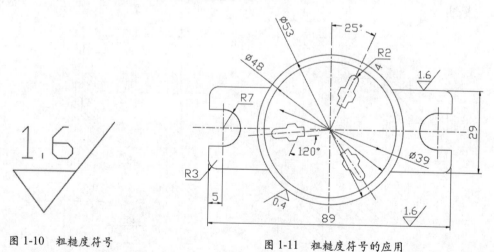

图 1-10　粗糙度符号　　　　　　　　　　图 1-11　粗糙度符号的应用

（6）其他技术要求

零件图中除了对零件制造提出尺寸公差、表面粗糙度、形状和位置公差等技术要求外,还有零件的材料、表面硬度以及热处理等方面的要求。

1.2 使用 AutoCAD 应用程序

CAD 技术在机械制造行业的应用，不仅可以使设计人员"甩掉图板"，实现设计自动化；还可以使企业由原来的串行式作业转变为并行作业，建立一种全新的设计和生产技术管理体制，缩短产品的开发周期，提高劳动生产率。现如今越来越多的设计者采用 CAD 技术设计机械图形，如图 1-12 所示。

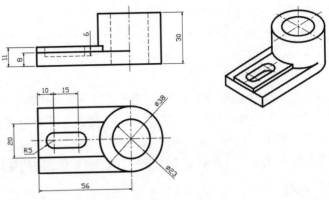

图 1-12　三维机械图形

1.2.1　AutoCAD 2016 工作界面

AutoCAD 2016 的工作界面由"菜单浏览器"按钮、标题栏、菜单栏、功能区、文件选项卡、绘图区、十字光标、命令行以及状态栏组成。在此打开的是齿轮油泵零件图，如图 1-13 所示。

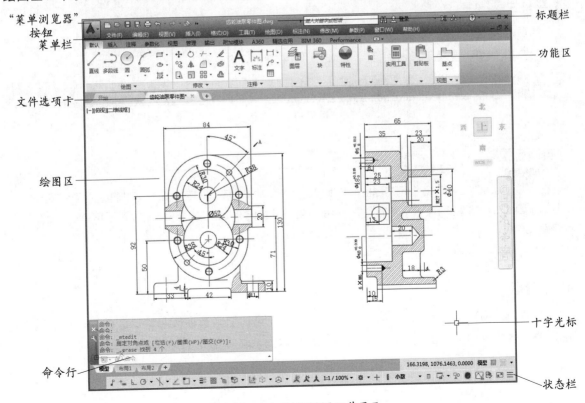

图 1-13　AutoCAD 2016 工作界面

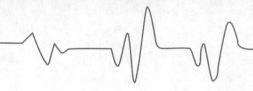

1. "菜单浏览器"按钮

　　"菜单浏览器"按钮由"新建""打开""保存""另存为""输出""发布""打印""图形实用工具"和"关闭"命令组成。主要是为了方便用户快速调用，节省时间。

　　"菜单浏览器"按钮位于工作界面的左上方，单击该按钮，将弹出 AutoCAD 菜单。其中的命令便一览无余，选择相应的命令，便会执行相应的操作。

2. 标题栏

　　标题栏位于工作界面的最上方，它由快速访问工具栏 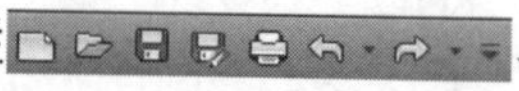 、当前图形标题 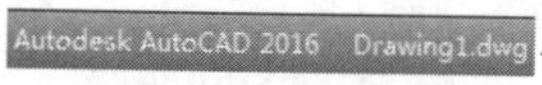 Autodesk AutoCAD 2016　Drawing1.dwg、搜索栏 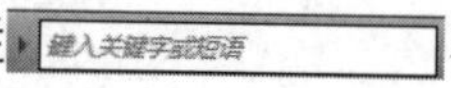 键入关键字或短语 、Autodesk Online 服务以及窗口控制按钮组成。按 Alt+ 空格键或者右击鼠标，将弹出窗口控制菜单。从中可以执行窗口的还原、移动、改变大小、最小化、最大化、关闭命令。也可以通过工作界面右上角的 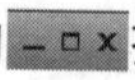 按钮来执行最小化、最大化和关闭命令。

3. 菜单栏

　　菜单栏包括"文件""编辑""视图""插入""格式""工具""绘图""标注""修改""参数""窗口"和"帮助"12 个主菜单，如图 1-14 所示。

图 1-14　菜单栏

4. 功能区

　　在 AutoCAD 中，功能区在菜单栏的下方，它包含功能区选项板和功能区按钮。功能区按钮主要是代替命令的简便工具，利用功能区按钮可以完成基本的绘图操作，如图 1-15 所示。

图 1-15　功能区

> 功能区按钮和快捷键的使用非常重要，省略了烦琐的操作步骤，从而缩短了绘图时间，提高了效率，方便用户绘图。

5. 文件选项卡

文件选项卡位于功能区下方，默认新图形会以 Drawing1 命名。再次新建图形时，会以 Drawing2 进行命名。该选项卡有利于用户寻找需要的文件，方便使用，如图 1-16 所示。

| 开始 | Drawing1* | × | + |

图 1-16　文件选项卡

6. 绘图区

绘图区位于用户界面的正中央，即工具栏和命令行所包围的整个区域。该区域是用户的工作区域，图形的设计与修改工作就是在该区域内进行操作的。绘图区是一个无限大的电子屏幕，无论尺寸多大或多小的图形，都可以在绘图区中绘制并灵活显示。

绘图区包含坐标系、十字光标和导航盘，一个图形文件对应一个绘图区，所有的绘图结果都将反映在这个区域内。用户可根据需要利用"缩放"命令来控制图形的显示大小，也可以关闭周围的各个工具栏，以增加绘图空间，或者是在全屏模式下显示绘图区。

7. 命令行

命令行是命令的输入窗口。用键盘输入命令后，即可在该窗口显示相关的提示参数及信息。用户在菜单栏和功能区执行的命令同样也会在命令行中显示，如图 1-17 所示。一般情况下，命令行位于绘图区的下方，用户可以通过使用鼠标拖动命令行，使其呈浮动状态，来调整其位置或大小。

```
× 自动保存到 C:\Users\Administrator\appdata\local\temp\Drawing1_1_1_1846.sv$ ...
  命令:
  命令: *取消*
  命令: *取消*
  ▼ 键入命令
```

图 1-17　命令行

知识拓展

> 命令行也可以作为文本窗口的形式显示命令。文本窗口是记录 AutoCAD 历史命令的窗口，按 F2 功能键可以打开文本窗口，该窗口中显示的信息和命令行完全一致，便于快速访问和复制完整的历史记录。

8. 状态栏

状态栏用于显示当前的绘图状态。在状态栏的最左侧有"模型"和"布局"两个绘图模式，单击鼠标左键可以进行模式的切换。另外，状态栏还具有用于显示光标的坐标轴、控制绘图的辅助功能按钮、控制图形状态的功能按钮等，如图 1-18 所示。

图 1-18　状态栏

在了解了 AutoCAD 2016 的操作界面后，用户就可以使用该软件进行基本操作了，接下来将介绍图形文件的基本操作。

1.2.2　新建图形文件

在创建一个新的图形文件时，用户可以利用已有的样板创建，也可以创建一个无样板的图形文件，无论哪种方式，其操作方法基本相同。用户可以通过以下方法创建新的图形文件。

- 单击"菜单浏览器"按钮，在弹出的菜单中选择"新建"→"图形"命令。
- 执行"文件"→"新建"命令，或按 Ctrl+N 组合键。
- 单击快速访问工具栏的"新建"按钮 。
- 在文件选项卡右侧单击"新图形"按钮 。
- 在命令行输入 NEW 命令并按回车键。

执行以上任意一种方法后，系统将打开"选择样板"对话框，从文件列表中选择需要的样板，单击"打开"按钮即可创建新的图形文件，如图 1-19 所示。

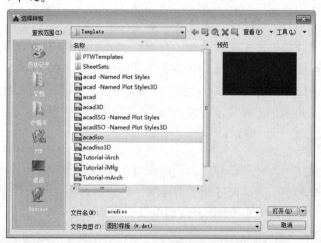

图 1-19　"选择样板"对话框

1.2.3　打开图形文件

在绘制过程中，如果需要打开某一图形文件，可使用"打开"命令，打开相应的文件。用户可以通过以下方法打开图形文件。

- 单击"菜单浏览器"按钮，在弹出的菜单中选择"打开"→"图形"命令。
- 执行"文件"→"打开"命令，或按 Ctrl+O 组合键。
- 在命令行输入 OPEN 命令并按回车键。

● 双击 AutoCAD 图形文件。

打开"选择文件"对话框，在其中选择需要打开的文件，在对话框右侧的预览区中就可以预先查看所选择的图像，单击"打开"按钮，即可打开图形，如图 1-20 所示。

图 1-20　"选择文件"对话框

1.2.4　保存图形文件

绘制或编辑完图形后，要及时对文件进行保存操作，避免因电脑断电或崩溃，而导致文件未保存。可以直接保存文件，也可以通过"另存为"命令保存文件。用户可以通过以下方法保存文件。

● 单击"菜单浏览器"按钮，在弹出的菜单中选择"保存"→"图形"命令。
● 执行"文件"→"保存"命令，或按 Ctrl+S 组合键。
● 单击快速访问工具栏的"保存"按钮📙。
● 在命令行输入 SAVE 命令并按回车键。

执行以上任意一种操作后，将打开"图形另存为"对话框，如图 1-21 所示。对图形文件命名后，单击"保存"按钮即可保存文件。

图 1-21　"图形另存为"对话框

1.2.5　另存为图形文件

如果用户需要重新命名文件名称或者更改保存路径的话，就需要另存为文件。通过以下方法可以执行图形文件另存为操作。

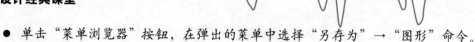
● 单击"菜单浏览器"按钮，在弹出的菜单中选择"另存为"→"图形"命令。

● 执行"文件"→"另存为"命令。

● 单击快速访问工具栏的"另存为"按钮 ⚏。

知识拓展

　　　　为了便于在 AutoCAD 早期版本中能够打开 AutoCAD 2016 的图形文件，在保存图形文件时，可以保存为较早的格式类型。

实战——新建并保存机械图纸文件

　　下面将新建并保存机械图纸文件。通过学习本案例，读者能够熟练掌握在 AutoCAD 中如何新建并保存文件，其具体操作步骤介绍如下。

Step 01 启动 AutoCAD 2016 软件，执行"文件"→"新建"命令，打开"选择样板"对话框，如图 1-22 所示。

图 1-22　"选择样板"对话框

Step 02 选择合适的样板后，单击"打开"按钮即可新建 Drawing1 文件，如图 1-23 所示。

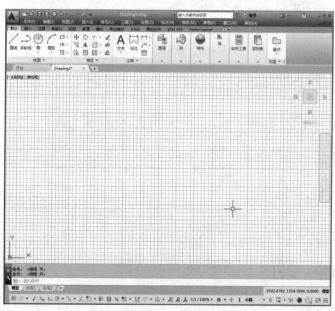

图 1-23　新建 Drawing1 文件

Step 03 执行"文件"→"保存"命令，打开"图形另存为"对话框，设置保存路径和文件名，如图 1-24 所示。

Step 04 单击"保存"按钮。在保存的路径中即可查看到保存的 AutoCAD 文件，如图 1-25 所示。

图 1-24 "图形另存为"对话框

图 1-25 保存的 AutoCAD 文件图标

1.3 设置绘图环境

在使用 AutoCAD 绘制图形之前，可以根据个人的绘图习惯对绘图环境做相应的调整，从而提高绘图效率。比如设置显示工具、绘图界限、绘图单位等。

1.3.1 设置显示工具

设置显示工具是设置绘图环境的重要操作之一，用户可以通过"选项"对话框更改自动捕捉标记的大小、靶框的大小、拾取框的大小、十字光标的大小等。

1. 更改自动捕捉标记大小

打开"选项"对话框，选择"绘图"选项卡，在"自动捕捉标记大小"选项组中，按住鼠标左键并拖动滑块到满意位置，松开鼠标，单击"确定"按钮即可，如图 1-26 所示。

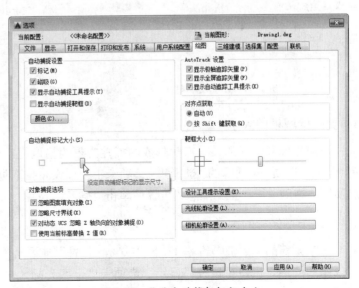
图 1-26 更改自动捕捉标记大小

2. 更改外部参照显示

更改外部参照显示是用来控制所有 DWG 外部参照的淡入度。在"选项"对话框中打开"显示"选项卡，在"淡入度控制"选项组中输入淡入度数值参数，或直接拖动滑块即可修改外部参照的淡入度，如图 1-27 所示。

图 1-27　设置淡入度

3. 更改靶框的大小

靶框也就是在绘制图形时，十字光标中心的位置。在"绘图"选项卡"靶框大小"选项组中，可以拖动滑块设置其大小，靶框大小会随着滑块的拖动而变化，在左侧可以预览。设置后，单击"确定"按钮完成操作，如图 1-28、图 1-29 所示为靶框大小的设置。

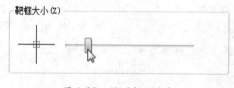

图 1-28　设置较小靶框

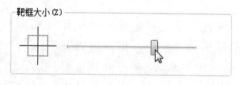

图 1-29　设置较大靶框

4. 更改拾取框的大小

利用光标捕捉图形某一点时形成的捕捉方框为拾取框。使用拾取框可以快速地捕捉图形特定点。在"选项"对话框的"选择集"选项卡中可以设置拾取框大小。其操作为：在"拾取框大小"选项组中拖动滑块，直到满意的位置后单击"确定"按钮。

5. 更改十字光标的大小

十字光标的有效值范围是 1% ~ 100%，它的尺寸可延伸到屏幕的边缘，当数值在 100% 时可以辅助绘图。用户可以在"显示"选项卡"十字光标大小"选项组中输入数值进行设置，还可以拖动滑块设置十字光标的大小，如图 1-30、图 1-31 所示为十字光标调整大小后的显示效果。

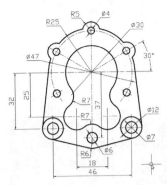

图 1-30　设置较小十字光标

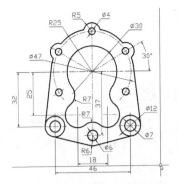

图 1-31　设置较大十字光标

1.3.2　设置绘图界限

绘图界限是指在绘图区中设定图纸显示的有效区域。在实际绘图过程中，如果没有设定绘图界限，那么 AutoCAD 系统对绘图范围将不作限制，此时在打印和输出过程中会增加难度。通过以下方法可以设置绘图界限。

● 执行"格式"→"图形界限"命令。

● 在命令行输入 LIMITS 命令并按回车键。

命令行提示如下：

```
命令：LIMITS
重新设置模型空间界限：
指定左下角点或 [开(ON)/关(OFF)] <0.0000,0.0000→：on        （输入on，按Enter键）
命令：
LIMITS
重新设置模型空间界限：
指定左下角点或 [开(ON)/关(OFF)] <0.0000,0.0000→：                    指定图形界限第一点坐标值
指定右上角点 <420.0000,297.0000→：                                   指定图形界限对角点坐标值
```

1.3.3　设置绘图单位

在绘图之前，应对绘图单位进行设定，以保证图形数据的准确性。其中，绘图单位包括长度单位、角度单位、缩放单位、光源单位以及方向控制等。

在菜单栏中执行"格式"→"单位"命令，或在命令行输入 UNITS 并按回车键，即可打开"图形单位"对话框，在此可对绘图单位进行相应设置，如图 1-32 所示。

图 1-32　"图形单位"对话框

1. "长度"选项组

在"类型"下拉列表框中可以设置长度单位，在"精度"下拉列表框中可以对长度单位的精度进行设置。

2. "角度"选项组

在"类型"下拉列表框中可以设置角度单位，在"精度"下拉列表框中可以对角度单位的精度进行设置。勾选"顺时针"复选框后，图形以顺时针方向旋转；若不勾选，图形则以逆时针方向旋转。

3. 插入时的缩放单位

缩放单位是用于插入图形后的测量单位，默认情况下为"毫米"，一般不做改变，用户也可以在类别下拉列表框中设置缩放单位。

4. "光源"选项组

光源单位是指光源强度的单位，其中包括国际、美国、常规选项。

5. "方向"按钮

"方向"按钮在"图形单位"对话框的底部。单击"方向"按钮将打开"方向控制"对话框，如图 1-33 所示。默认基准角度为"东"，用户也可自行设置。

图 1-33　"方向控制"对话框

实战——自定义绘图环境

第一次打开 AutoCAD 软件时，软件界面颜色为黑色，如果想将其更换为其他颜色，可以通过以下方法进行操作。

Step 01 启动 AutoCAD 2016 软件，观察工作界面，如图 1-34 所示。

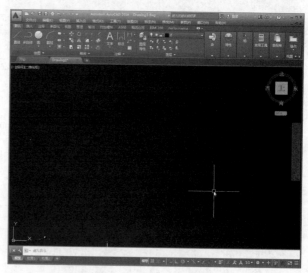

图 1-34　初始工作界面

Step 02 单击"菜单浏览器"按钮，
在打开的菜单中选择"选项"命令，
打开"选项"对话框，切换到"显示"
选项卡，单击"配色方案"下拉按钮，
选择"明"选项，如图 1-35 所示。

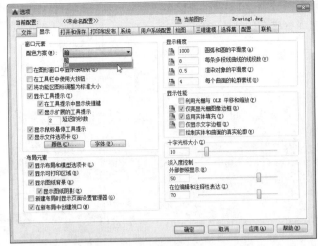

图 1-35 选择配色方案

Step 03 单击"颜色"按钮，如图 1-36
所示。

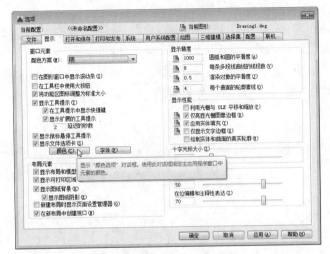

图 1-36 单击"颜色"按钮

Step 04 打开"图形窗口颜色"对话
框，设置统一背景的颜色，在"颜色"
列表中选择白色，如图 1-37 所示。

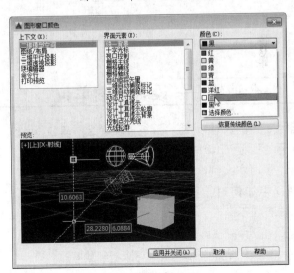

图 1-37 选择颜色

Step 05 选择颜色后，在预览区可以
看到预览效果，如图 1-38 所示。

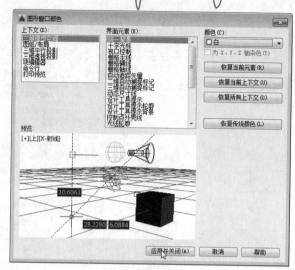

图 1-38 预览效果

Step 06 单击"应用并关闭"按钮，
返回"选项"对话框再单击"确定"
按钮，即可更改工作界面及绘图区
的颜色，如图 1-39 所示为更改后
的效果。

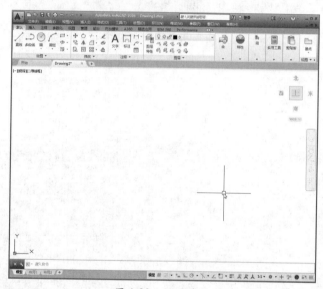

图 1-39 设置效果

综合演练——设置绘图单位

实例路径： 实例 /CH01/ 综合演练 / 设置绘图单位 .dwg
视频路径： 视频 /CH01/ 设置绘图单位 .avi

　　通过学习本案例，使读者能够熟练掌握在
AutoCAD 中如何对绘图单位进行设置。其具
体操作步骤如下。

Step 01 启动 AutoCAD 2016 软件，在绘图区执
行任意一个命令，在动态提示框中可以看到数据的
小数点后有四位数，如图 1-40 所示。

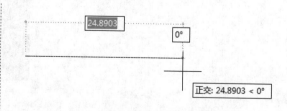

图 1-40 执行任意命令

Step 02 执行"格式"→"单位"命令,打开"图形单位"对话框,如图 1-41 所示。

图 1-41 "图形单位"对话框

Step 03 设置单位长度类型为"小数",单位精度为 0,缩放单位为"毫米",单击"确定"按钮,关闭对话框,如图 1-42 所示。

Step 04 在绘图区再次执行任意一个命令,此时动态提示框中的数值已发生了变化,如图 1-43 所示。

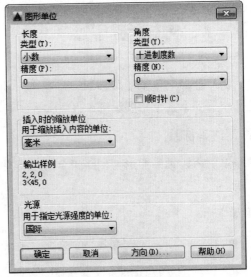

图 1-42 设置单位参数

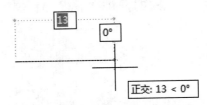

图 1-43 观察动态提示框中的数值

上机操作

为了让读者能够更好地掌握本章所学的知识，在本小节列举几个拓展案例，以供读者练习。

1. 创建坐标系

本例将以把手图形为例，来介绍坐标系的创建操作。

⚠ **操作提示：**

Step 01 执行"工具"→"新建 UCS"→"原点"命令，如图 1-44 所示。

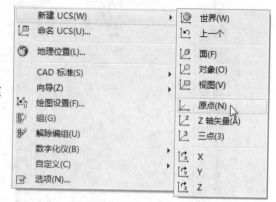

图 1-44 选择"原点"命令

Step 02 在状态栏打开"对象捕捉"后，捕捉线段端点，以此作为坐标系的原点，如图 1-45 所示。

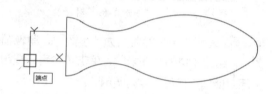

图 1-45 新建 UCS 坐标系

2. 更改动态提示的显示

本例将利用"选项"对话框中的相关功能，来介绍如何更改动态提示显示操作。

⚠ **操作提示：**

Step 01 打开"选项"对话框，在"显示"选项卡中单击"颜色"按钮，在打开的"图形窗口颜色"对话框中，设置设计工具提示轮廓颜色为红色、设计工具提示背景颜色为青色，如图 1-46 所示。

Step 02 打开"自定义右键单击"对话框，从中进行相应的设置，如图 1-47 所示。

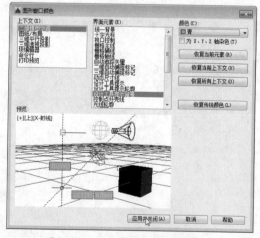

图 1-46 设置设计工具提示颜色

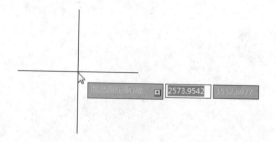

图 1-47 设置右键功能

第2章

机械制图辅助知识

本章将向用户介绍 AutoCAD 软件的辅助绘图知识，其内容包括视图的显示控制、图形的选择方式、夹点捕捉、图层的设置与管理以及查询功能的使用等。通过本章的学习，使用户能够快速、准确地绘制图形，从而为下面章节的学习打下基础。

知识要点

- ▲ 视图的显示控制
- ▲ 图形的选择方式
- ▲ 夹点捕捉

- ▲ 捕捉功能的使用
- ▲ 图层的设置与管理
- ▲ 查询功能的使用

2.1 视图的显示控制

由于受到图形显示器的限制，当图形线条太密集或图形很大的时候，会不方便观察图形，所以系统提供了几种控制图形大小显示的方法。下面将向用户介绍缩放、平移以及动态观察视图的操作方法。

2.1.1 缩放视图

在绘制图形局部细节时，通常会选择放大视图来显示，绘制完成后再利用缩放工具缩小视图，观察图形的整体效果。缩放视图可以扩大或缩小图形在屏幕中显示的尺寸，但图形对象的尺寸保持不变。通过改变显示区域改变图形显示的大小，可以更准确、更清晰地进行绘制操作。用户可以通过以下方式缩放视图。

- 执行"视图"→"缩放"→"放大 / 缩小"命令，如图 2-1 所示。
- 执行"工具"→"工具栏"→ AutoCAD →"缩放"命令，在弹出的工具栏中单击"放大"和"缩小"按钮。
- 在命令行输入 ZOOM 并按回车键。

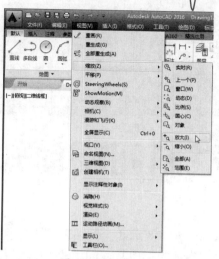

图 2-1 缩放视图

利用 ZOOM 命令缩放视图后，命令行的提示如下：

命令：ZOOM
指定窗口的角点，输入比例因子 (nX 或 nXP)，或者
[全部(A)/中心(C)/动态(D)/范围(E)/上一个(P)/比例(S)/窗口(W)/对象(O)] <实时→：a
正在重生成模型。

绘图技巧

滚动鼠标的滚轮（中键）也可以实现图形显示的缩放。

2.1.2 平移视图

当图形的位置不利于用户观察和绘制时，可以将图形平移到合适的位置。使用平移图形命令可以重新定位图形，方便查看。该操作不改变图形的比例和大小，只改变位置。

用户可以通过以下方式平移视图。

● 执行"视图"→"平移"→"左"命令（或上、下和右方向），如图 2-2 所示。

● 执行"工具"→"工具栏"→AutoCAD→"平移"命令。

● 在命令行输入 PAN 并按回车键。

● 按住鼠标滚轮进行拖动。

图 2-2 平移视图

除了以上所述方法，用户还可以通过"实时"和"点"命令来平移视图。具体功能介绍如下：

● 实时：当使用实时命令后，鼠标指针会变成黑色手掌的形状🖐，按住鼠标左键，将图形拖动到需要显示的位置，释放鼠标后，完成平移视图操作。

● 点：通过指定的基点和位移距离指定平移视图的位置。

2.1.3　动态观察

在 AutoCAD 中，用户还可对当前图形对象进行动态观察。而动态观察命令，只限于在三维空间中使用。动态观察命令有三种模式：受约束的动态观察、自由动态观察及连续动态观察。下面就分别对其进行介绍。

● 受约束的动态观察：当选择该模式时，将光标放在模型上，按住鼠标左键并拖动鼠标，此时该模型会按照光标移动方向进行旋转，该模式可让用户观察到当前模型的任意角度。

● 自由动态观察：使用自由动态观察时，绘图区会显示导航图，在该图中指定旋转点即可观察。

● 连续动态观察：该模式为动态模式，它会按照用户指定的任意方向，自动进行旋转，当光标快速移动时，其旋转速度也随之加快，反之，则会减慢。若单击绘图区任意一点，则该模型会停止旋转。

2.2　图形的选择方式

选择图形是整个绘图工作的基础。在进行图形编辑操作时，就需要选中要编辑的图形。在 AutoCAD 软件中，选取图形有多种方法，如逐个选取、框选和围选。下面将分别对它们进行介绍。

2.2.1　逐个选取

当需要选择某一图形对象时，用户在绘图区中直接单击该图形对象，当图形四周出现夹点形状时，即被选中，当然也可进行多选，如图 2-3、图 2-4 所示。

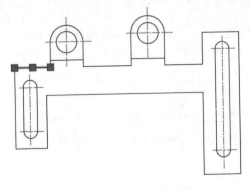

图 2-3　选择一个图形对象

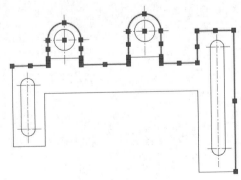

图 2-4　选择多个图形对象

2.2.2　框选

除了逐个选择的方法外，还可以进行框选。框选的方法较为简单，在绘图区中按住鼠标左键，拖动鼠标，直到所选择的图形对象已在虚线框内，放开鼠标即可完成框选。

框选方法分为两种：从右至左框选和从左至右框选。当从右至左框选时，在图形中所有被框选到的对象以及与框选边界相交的对象都会被选中，如图2-5、图2-6所示。

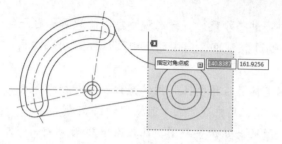

图2-5　从右至左框选

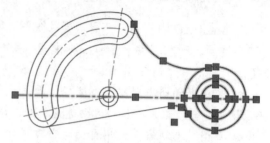

图2-6　框选结果

当从左至右框选时，所框选图形全部被选中，但与框选边界相交的图形对象则不被选中，如图2-7、图2-8所示。

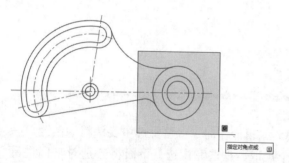

图2-7　从左至右框选

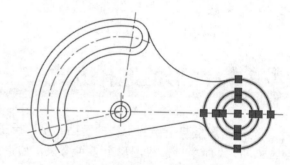

图2-8　框选结果

2.2.3　围选

使用围选的方式来选择图形，其灵活性较大。它可通过不规则图形围选所需选择图形。围选的方式可分为两种，分别为圈选和圈交。

（1）圈选

圈选是一种多边形窗口选择方法，其操作与框选的方式相似。用户在要选择的图形任意位置指定一点，其后在命令行中输入WP并按回车键，在绘图区中指定多边形其他几个拾取点构成任意多边形，在该多边形内的图形将被选中，按回车键即可，如图2-9、图2-10所示。

（2）圈交

圈交是绘制一个不规则封闭的多边形作为交叉窗口来选择图形对象。其完全包围在多边形内的图形与多边形相交的图形将被选中。用户只需在命令行中输入CP并按回车键，即可进行选取操作，如图2-11、图2-12所示。

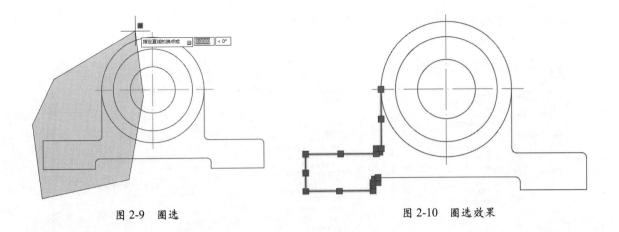

图 2-9　圈选　　　　　　　　　　　图 2-10　圈选效果

✍ **绘图技巧**

用户在选择图形过程中，可随时按 Esc 键，终止目标图形对象的选择操作，并放弃已选中的目标。在 AutoCAD 中，如果没有进行任何编辑操作时，按 Ctrl+A 组合键，则可选择绘图区中的全部图形。

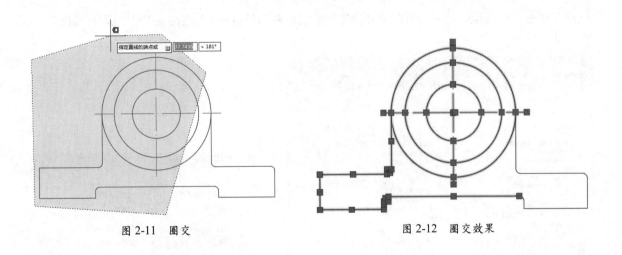

图 2-11　圈交　　　　　　　　　　　图 2-12　圈交效果

2.3　夹点捕捉

在没有执行任何编辑命令时，当光标选中图形，就会显示出夹点。而将光标移动至夹点上时，被选中的夹点会以红色显示。

2.3.1　夹点的设置

在 AutoCAD 软件中，夹点是可以根据用户习惯进行设置的。下面通过实际操作来展示夹点的设置。

Step 01 单击"菜单浏览器"按钮，在打开的下拉列表中单击"选项"按钮，如图 2-13 所示。

Step 02 在打开的"选项"对话框中，切换到"选择集"选项卡，如图 2-14 所示。

图 2-13　单击"选项"按钮

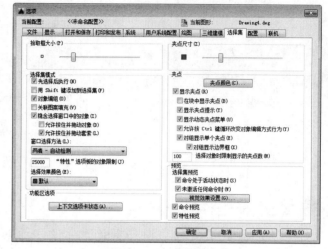

图 2-14　"选择集"选项卡

Step 03 在"夹点尺寸"选项栏中，拖动滑块即可调整夹点大小，如图 2-15 所示。

Step 04 单击"夹点颜色"按钮，打开"夹点颜色"对话框，即可设置夹点在各种状态时的颜色，如图 2-16 所示。

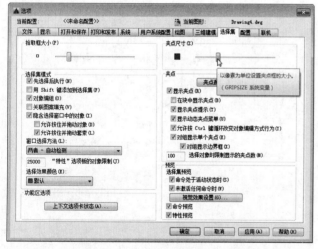

图 2-15　调整夹点大小

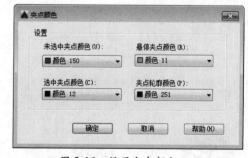

图 2-16　设置夹点颜色

在设置夹点大小时，夹点不必设置过大，因为过大的夹点，在选择图形时会妨碍操作，从而降低绘图速度。通常情况下，夹点参数保持默认大小即可。

2.3.2　利用夹点编辑图形

当单击某一夹点后，单击鼠标右键，在打开的快捷菜单中选择相应的命令，即可对夹点进行操作。快捷菜单中的各命令说明如下。

● **拉伸**：对于圆环、椭圆和弧线等实体，若启动的夹点位于圆周上，则拉伸功能等同于对半径进行按比例缩放。

- 拉长：选中线段，并选中线段的端点，移动鼠标，即可将选中的图形进行拉长。
- 移动：该功能与移动命令的操作方法相同，它可以将选中的图形进行移动。
- 镜像：用于镜像图形，进行指定第二点连线镜像、复制镜像等编辑操作。
- 旋转：旋转的默认选项将把所选择的夹点作为旋转基准点并旋转物体。
- 缩放：缩放的默认选项，将夹点所在的形体以指定夹点为基准点等比例缩放。
- 基点：该选项用于先设置一个参考点，夹点所在形体以该点为基础。
- 复制：复制生成新的图形。
- 参照：通过指定参考长度和新长度的方法来指定缩放的比例因子。

用户可以使用多个夹点作为操作的基准点，在选择多个夹点时，被选定夹点间对象的形状将保持原样，而按住 Shift 键，则会同时选择多个所需的夹点。

2.4 捕捉功能的使用

在绘制图形时，使用栅格显示、捕捉模式、对象捕捉、极轴追踪、正交模式以及动态输入辅助工具可以提高绘图效率。

2.4.1 栅格显示

栅格显示是指图形在屏幕上显示分布时按指定行间距和列间距排列的栅格点，就像在屏幕上铺了一张坐标纸，利用栅格可以对齐图形对象并直观显示图形对象之间的距离。在输出图纸时是不打印栅格的。

1. 显示栅格

栅格是一种可见的位置参考图标，在 AutoCAD 中，用户可以使用以下方式显示和隐藏栅格。

- 在状态栏中单击"显示图形栅格"按钮。
- 按 Ctrl+G 组合键或按 F7 功能键。

如图 2-17 所示为显示栅格的效果，如图 2-18 所示为隐藏栅格的效果。

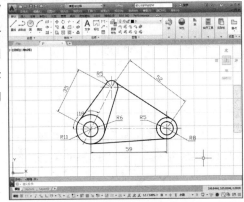

图 2-17　显示栅格

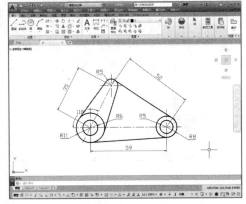

图 2-18　隐藏栅格

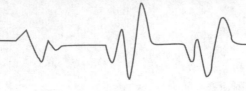

2. 设置显示样式

在默认情况下，栅格是以方格显示的，但是当视觉样式定位为"二维线框"时，可以将其更改为传统的点栅格样式。在"草图设置"对话框中，可以对栅格的显示样式进行更改。用户可以通过以下方式打开"草图设置"对话框。

- 执行"工具"→"绘图工具"命令。
- 在状态栏中单击"捕捉到图形栅格"按钮▦，在弹出的菜单中选择"捕捉设置"命令。
- 在命令行输入 DS 命令。

打开"草图设置"对话框后，勾选"启用栅格"复选框，如图 2-19 所示。在"栅格样式"选项组中勾选"二维模型空间"复选框，如图 2-20 所示。设置完成后单击"确定"按钮即可。

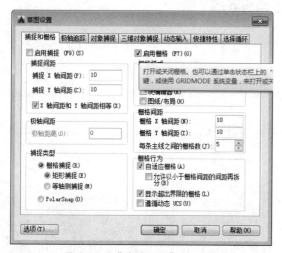

图 2-19　"草图设置"对话框

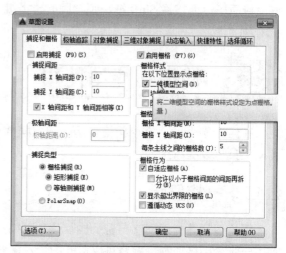

图 2-20　设置栅格显示样式

2.4.2　捕捉模式

捕捉功能可以使光标在经过图形时，快速捕捉到特殊点的位置。捕捉类型分为栅格捕捉和极轴捕捉，栅格捕捉只捕捉栅格上的点，而极轴捕捉是捕捉极轴上的点。

用户可通过以下方式启用捕捉模式。

- 在状态栏中单击"捕捉模式"按钮。
- 打开"草图设置"对话框，勾选"启用对象捕捉"复选框。
- 按 F9 功能键进行切换。

知识拓展

栅格捕捉包括矩形捕捉和等轴测捕捉，矩形捕捉主要是在平面图上进行绘制，是常用的捕捉模式。等轴测捕捉是在绘制轴测图时使用。通过设置可以很容易沿任意 3 个等轴测平面对齐对象。

2.4.3　对象捕捉

在绘图中需要确定一些具体的点，只凭肉眼很难确定正确的位置，在 AutoCAD 中可以通过对象捕捉功能实现，快速准确地捕捉图纸中所需位置。对象捕捉是通过现有的图形对象上的点或位置来确定点的位置。

对象捕捉分为临时捕捉和自动捕捉两种。临时捕捉主要通过"对象捕捉"工具栏实现。执行"工具"→"工具栏"→ AutoCAD →"对象捕捉"命令，打开"对象捕捉"工具栏，如图 2-21 所示。

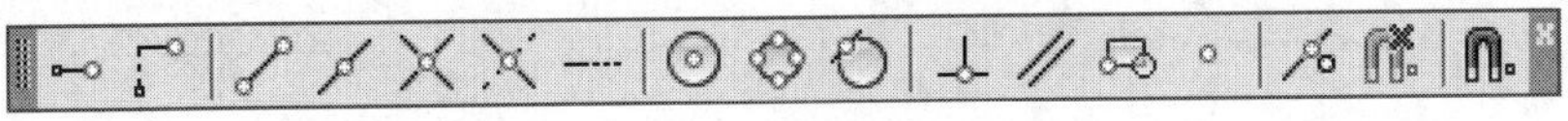

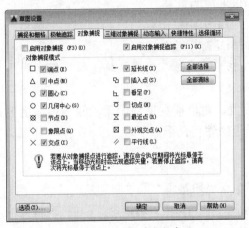

图 2-21　"对象捕捉"工具栏

在执行自动捕捉操作前，需要设置对象的捕捉点。当光标经过这些设置过的特殊点时，就会自动捕捉这些点。

用户可以通过以下方式打开和关闭对象捕捉模式。

● 单击状态栏中的"对象捕捉"按钮。

● 按 F3 功能键进行切换。

打开"草图设置"对话框，可以在"对象捕捉"选项卡中设置对象捕捉模式。需要捕捉哪些对象、捕捉点和相应的辅助标记，就勾选其前面的复选框，如图 2-22 所示。

图 2-22　设置对象捕捉

下面将对各捕捉点的含义进行介绍。

● 端点：直线、圆弧、样条曲线、多段线、面域或三维对象的最近端点或角。

● 中点：直线、圆弧和多段线的中点。

● 圆心：圆弧、圆和椭圆的圆心。

● 几何中心：捕捉到几何图形的中心点。

● 节点：捕捉到点对象、标注定一点或标注文件原点。

● 象限点：圆弧、圆和椭圆上 0°、90°、180° 和 270° 处的点。

● 交点：图形对象的交界处的点。延伸交点不能用作执行对象捕捉模式。

● 延长线：用户捕捉直线延伸线上的点。当光标移动到对象的端点时，将显示沿对象的轨迹延伸出来的虚拟点。

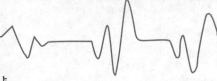

- 插入点：文本、属性和符号的插入点。
- 垂足：圆弧、圆、椭圆、直线和多段线等的垂足。
- 切点：圆弧、圆、椭圆上的切点。该点和另一点的连线与捕捉对象相切。
- 最近点：离靶心最近的点。
- 外观交点：三维空间中不相交但在当前视图中可能相交的两个对象的视觉交点。
- 平行线：通过已知点且与已知直线平行的直线的位置。

知识拓展

捕捉和对象捕捉的区别：捕捉可以使用户直接利用鼠标快速地确定定位目标点。对象捕捉是 AutoCAD 中通过精准地捕捉交点、圆点等来绘图。

2.4.4 极轴追踪

在绘制图形时，如果遇到倾斜的线段，需要输入极坐标，这样就很麻烦。许多图纸中的角度都是固定角度，为了避免输错坐标这一问题，就需要使用极轴追踪的功能。在极轴追踪中也可以设置极轴追踪的类型和极轴角测量等。

用户可以通过以下方式启用极轴追踪模式。

- 在状态栏中单击"极轴追踪"按钮。
- 打开"草图设置"对话框，勾选"启用极轴追踪"复选框。
- 按 F10 功能键进行切换。

极轴追踪包括极轴角设置、对象捕捉追踪设置、极轴角测量等。在"极轴追踪"选项卡中可以设置这些功能，各选项组的作用介绍如下。

1. 极轴角设置

"极轴角设置"选项组包含"增量角"和"附加角"选项。用户可以在"增量角"下拉列表中选择具体角度，如图 2-23 所示。也可以在"增量角"下拉列表框内输入任意数值，如图 2-24 所示。

图 2-23 选择角度

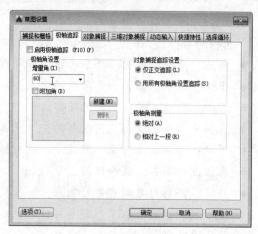

图 2-24 输入数值

附加角是对象轴追踪使用列表中的任意一种附加角度。它起到辅助作用，当绘制角度时，如果是附加角度，则会有相应的提示。"附加角"复选框同样受 POLARMODE 系统变量控制。

勾选"附加角"复选框，单击"新建"按钮，输入数值，按回车键即可创建附加角。选中数值然后单击"删除"按钮，可以删除数值。

2. 对象捕捉追踪设置

对象捕捉追踪是指当系统自动捕捉到图形中的一个特征点后，以该点为基点，捕捉设置的极轴追踪的另一点，并在追踪方向上显示一条虚线延长线，用户可以在该延长线上定位点。在使用对象捕捉追踪时，必须打开对象捕捉，并捕捉一个点作为追踪参照点。"对象捕捉追踪设置"选项组包括"仅正交追踪"和"用所有极轴角设置追踪"。

- "仅正交追踪"是追踪对象的正交路径，也就是对对象 X 轴和 Y 轴正交的追踪。当"对象捕捉"打开时，仅显示已获得的对象捕捉点的正交对象捕捉追踪路径。
- "用所有极轴角设置追踪"是指光标从获取的对象捕捉点起沿极轴对齐角度进行追踪。该选项对所有的极轴角都将进行追踪。

3. 极轴角测量

"极轴角测量"选项组包括"绝对"和"相对上一段"两个选项。"绝对"是根据当前用户坐标系 UCS 确定极轴追踪角度。"相对上一段"是根据上一段绘制线段确定极轴追踪角度。

2.4.5　正交模式

正交模式可以保证绘制的直线完全成水平和垂直状态。用户可以通过以下方式打开正交模式。

- 单击状态栏中的"正交模式"按钮 ⌐。
- 按 F8 功能键进行切换。

📝 **绘图技巧**

在 AutoCAD 中提供了全屏显示这一功能，利用该功能可以将图形尽可能的放大使用，并且只使用命令行，不受任何因素的干扰。

用户可以通过以下方式将绘图区全屏显示：

- 单击状态栏中的"全屏显示"按钮 ▧。
- 执行"视图"→"全屏显示"命令，或按 Ctrl+0 组合键。

2.4.6　动态输入

使用动态输入功能可在光标处显示坐标值和命令等信息，而不必在命令行中输入。在 AutoCAD 中有两种动态输入方法：指针输入和标注输入。用户可通过单击状态栏中的"动态输入"按钮，打开或关闭该功能，如图 2-25、图 2-26 所示。

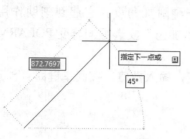

图 2-25 指针输入

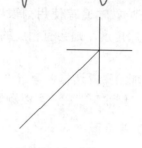

图 2-26 标注输入

1. 启用指针输入

切换到"草图设置"对话框的"动态输入"选项卡，勾选"启用指针输入"复选框，即可启用指针输入功能。而在"指针输入"选项组中单击"设置"按钮，在打开的"指针输入设置"对话框中，便可根据需要设置指针的格式和可见性，如图 2-27、图 2-28 所示。

图 2-27 勾选"启用指针输入"复选框

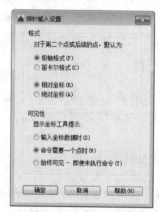

图 2-28 指针输入设置

2. 启用标注输入

切换到"草图设置"对话框的"动态输入"选项卡，勾选"可能时启用标注输入"复选框，即可启用标注输入功能。在"标注输入"选项组中单击"设置"按钮，打开"标注输入的设置"对话框，在此可以设置标注的可见性，如图 2-29、图 2-30 所示。

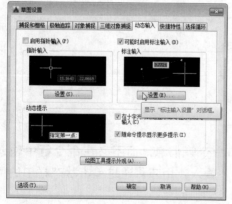

图 2-29 勾选"可能时启用标注输入"复选框

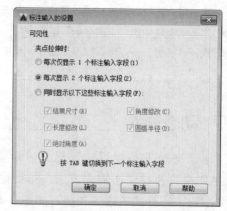

图 2-30 标注输入设置

3. 显示动态提示

在"草图设置"对话框的"动态输入"选项卡中，勾选"动态提示"选项组中的"在十字光标附近显示命令提示和命令输入"复选框，则可在光标附近显示命令提示。单击"绘图工具提示外观"按钮，在打开的"工具提示外观"对话框中可以设置工具提示的颜色、大小、透明度以及应用范围，如图 2-31、图 2-32 所示。

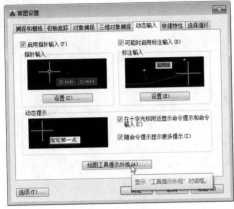

图 2-31 动态提示

图 2-32 "工具提示外观"对话框

绘图技巧

动态输入，也是一种命令调用方式，可以直接在绘图区的动态提示中输入命令，以替代在命令行中输入命令，使用户更专注于绘图区的操作。

2.5 图层的设置与管理

图层是 AutoCAD 中查看和管理图形强有力的工具。利用图层的特性，如颜色、线宽、线型等，可以区分不同的对象。利用图层管理工具，如打开／关闭、冻结／解冻等，可以对图层进行管理。

在机械制图中，图形主要由粗实线、细实线、虚线、点画线、剖面线、尺寸标注以及文字说明等元素组成。如果用图层来管理它们，不仅能使图形的各种信息清晰有序，便于观察，而且也会便于图形的编辑、修改和输出。

2.5.1 创建图层

在绘制图形时，可根据需要创建图层，以将不同的图形对象放置在不同的图层上，从而有效地管理图层。默认情况下，新建文件只包含一个图层 0，用户可以按照以下方法打开"图层特性管理器"面板，从中创建更多的图层。

● 在功能区中单击"图层特性"按钮 。

● 执行"格式"→"图层"命令。

● 在命令行输入 LAYER 命令并按回车键。

在"图层特性管理器"面板中单击"新建图层"按钮 ，即可创建新图层，系统默认命名为"图层 1"，如图 2-33 所示。

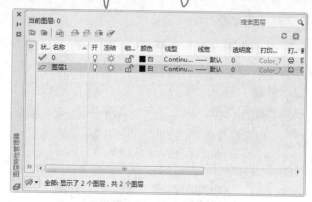

图 2-33 新建图层

知识拓展

图层名称不能包含通配符（＊和？）和空格，也不能与其他图层重名。

2.5.2 设置图层

当图层创建好之后，通常需要对创建好的图层进行设置。例如：设置当前图层的颜色、线型、线宽等。

1. 颜色的设置

在"图层特性管理器"面板中单击"颜色"图标 ，打开"选择颜色"对话框，其中包含 3 个颜色选项卡，即索引颜色、真彩色和配色系统。用户可以在这 3 个选项卡中选择需要的颜色，如图 2-34 所示。也可以在底部"颜色"文本框中输入颜色名称和编号，如图 2-35 所示。

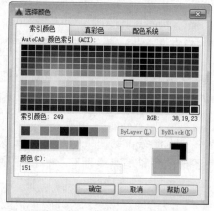

图 2-34 "选择颜色"对话框

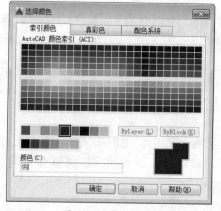

图 2-35 输入数字

2. 线型的设置

线型分为虚线和实线两种，在机械绘图中，轴线以虚线的形式表现，轮廓线则以实线的形式表现。用户可以通过以下方式设置线型。

Step 01 在"图层特性管理器"面板中单击"线型"图标 **Continuous**，打开"选择线型"对话框，单击"加载"按钮，如图 2-36 所示。

Step 02 打开"加载或重载线型"对话框，选择需要的线型，单击"确定"按钮完成，如图 2-37 所示。

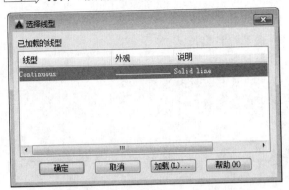

图 2-36　"选择线型"对话框

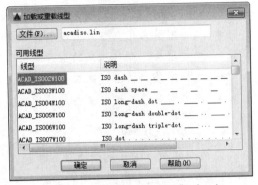

图 2-37　"加载或重载线型"对话框

Step 03 返回到"选择线型"对话框，选择添加过的线型，单击"确定"按钮。随后在"图层特性管理器"面板中就会显示加载后的线型。

绘图技巧

设置好线型后，其线型比例默认为 1，此时所绘制的线条无变化。用户可选中该线条，在命令行输入 CH 并按回车键，打开"特性"面板，选择"线型比例"选项，设置比例值即可。

3. 线宽的设置

有时需要把重要的图形用粗线表示，辅助的图形用细线表示。所以线宽的设置也是必要的。

在"图层特性管理器"面板中单击"线宽"图标 ━━ **默认**，打开"线宽"对话框，选择合适的线宽，单击"确定"按钮，如图 2-38 所示。返回"图层特性管理器"面板后，选项栏就会显示修改过的线宽。

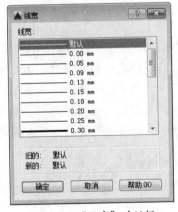

图 2-38　"线宽"对话框

2.5.3　管理图层

在"图层特性管理器"面板中，除了可以创建图层，修改颜色、线型和线宽外，AutoCAD 还提供了大量的图层管理工具，如设置当前层、图层的显示与隐藏、图层的锁定与解锁、图层的冻结与解冻以及图层的隔离，这些功能使用户在管理图形时非常方便。下面将详细介绍这些命令的操作方法。

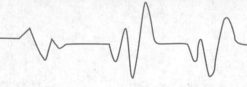
1. 设置为当前图层

在新建文件后，系统会在"图层特性管理器"面板中，将图层 0 设置为默认图层，若用户需要使用其他图层，就需要将其设置为当前层。

用户可以通过以下方式将图层置为当前层。

- 双击图层名称，当图层状态显示箭头时，则设置为当前图层。
- 单击图层，在对话框的上方单击"置为当前"按钮 。
- 选择图层，单击鼠标右键，在弹出的快捷菜单中选择"置为当前"命令。
- 在"图层"面板中单击其下拉按钮，然后单击图层名称即可。

2. 图层的显示与隐藏

编辑图形时，由于图层比较多，选择也要浪费一些时间，这种情况下，用户可以隐藏不需要的图形，从而显示需要使用的图形。

在执行"显示"和"隐藏"操作时，需要将图形以不同的图层区分开。当按钮变成 图标时，图层处于关闭状态，该图层的图形将被隐藏；当图标按钮变成 时，图层处于打开状态，该图层的图形被显示，如图 2-39 所示部分图层是关闭状态，其他的则是打开状态。

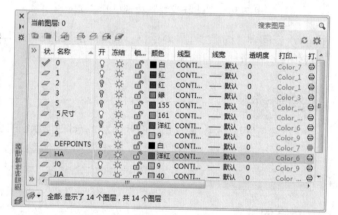

图 2-39 "显示"与"隐藏"图层

用户可以通过以下方式显示和隐藏图层。

- 在"图层特性管理器"面板中单击图层 按钮。
- 在"图层"面板中单击其下拉按钮，然后单击开关图层按钮。
- 在"默认"选项卡的"图层"面板中单击 按钮，根据命令行的提示，选择所需隐藏的图形对象，即可隐藏图层，单击 按钮，则可显示图层。

知识拓展

若图层被设置为当前图层，则不能对该图层直接进行打开或关闭操作，需要根据对话框提示进行操作，然后关闭图层。

3. 图层的锁定与解锁

当图层的图标显示为 时，表示图层处于解锁状态；当图标变为 时，表示图层已被锁定。锁定相应图层后，用户不可以修改位于该图层上的图形对象。

用户可以通过以下方式锁定和解锁图层。

- 在"图层特性管理器"面板中单击 🔓 按钮。
- 在"图层"面板中单击其下拉按钮，然后单击 🔓 按钮。
- 在"默认"选项卡的"图层"面板中单击 🔓 按钮，根据命令行提示，选择要锁定的图形对象，即可锁定图层，单击 🔓 按钮，则可解锁图层，如图 2-40、图 2-41 所示为图层的锁定和解锁效果。

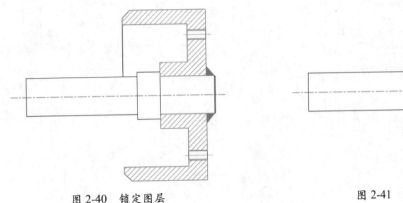

图 2-40　锁定图层　　　　　　　　　　　图 2-41　解锁图层

4. 图层的冻结与解冻

冻结图层后不仅使该图层不可见，而且将忽略图层中的所有图形，另外，在对复杂的图形作重新生成时，AutoCAD 也会忽略被冻结图层中的图形，从而节约时间。冻结后就不能在该图层上绘制和修改图形。

如图 2-42 所示是图层冻结前的效果，如图 2-43 所示是图层冻结后的效果。可以明显地看到尺寸标注图形被冻结隐藏起来，鼠标无法捕捉到被冻结的图层。

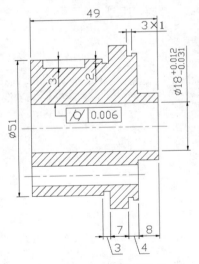

图 2-42　图层冻结前效果

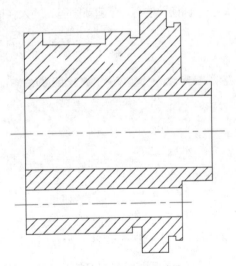

图 2-43　图层冻结后效果

5. 图层的隔离

在需要对图形某一局部进行编辑时，为了避免误操作，更改了其他图形，此时可将需编辑的图形所在的图层进行隔离，而未被隔离的图层将被隐藏。

如图 2-44 所示是隔离前的图层，如图 2-45 所示是隔离后的图层，可以明显地看到，隔离后没有被选定的图层被隐藏起来，鼠标无法捕捉到被隔离的图层。

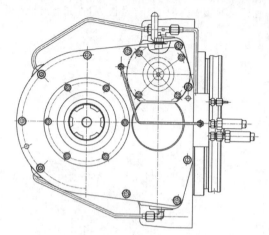

图 2-44　图层隔离前效果

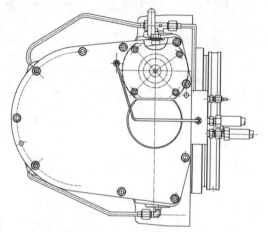

图 2-45　图层隔离后效果

实战——创建机械图纸图层

下面将创建机械图纸图层。通过学习本案例，读者能够熟练掌握在 AutoCAD 中如何创建图层的方法，其具体操作步骤如下。

Step 01 启动 AutoCAD 软件，执行"格式"→"图层"命令，打开"图层特性管理器"面板，如图 2-46 所示。

Step 02 单击"新建"按钮，创建新图层，输入名称为"中心线"图层，如图 2-47 所示。

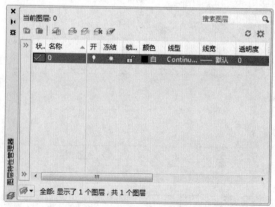

图 2-46　"图层特性管理器"面板

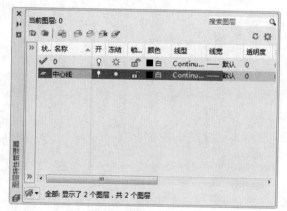

图 2-47　输入名称

Step 03 单击"颜色"图标，在打开的"选择颜色"对话框中，选择红色，如图 2-48 所示。

Step 04 单击"确定"按钮，返回"图层特性管理器"面板，如图 2-49 所示。

Step 05 单击"线型"按钮，打开"选择线型"对话框，如图 2-50 所示。

Step 06 单击"加载"按钮，打开"加载或重载线型"对话框，选择合适的线型，如图 2-51 所示。

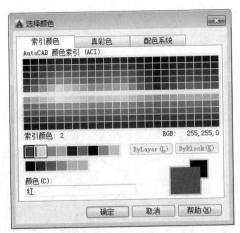

图 2-48　选择颜色

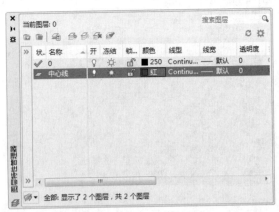

图 2-49　返回"图层特性管理器"面板

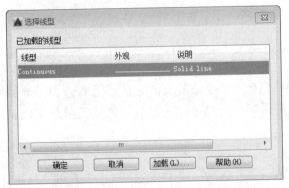

图 2-50　打开"选择线型"对话框

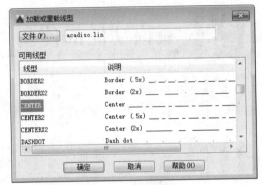

图 2-51　选择线型

Step 07 单击"确定"按钮，返回"选择线型"对话框，选择需要的线型，如图 2-52 所示。

Step 08 单击"确定"按钮，返回"图层特性管理器"面板，如图 2-53 所示。

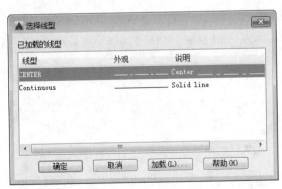

图 2-52　确定线型

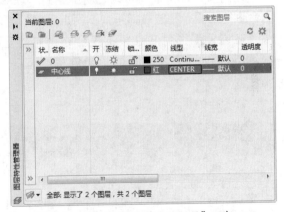

图 2-53　返回"图层特性管理器"面板

Step 09 继续执行当前命令，设置名称为"轮廓线"，"颜色"为黑色，"线型"为 Continuous，"线宽"为 0.30mm，如图 2-54 所示。

Step 10 继续执行当前命令，创建其余图层，完成机械图纸图层的创建，如图 2-55 所示。

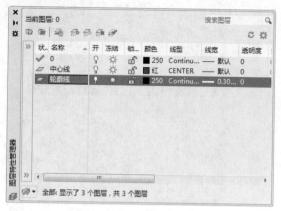

图 2-54 创建"轮廓线"图层

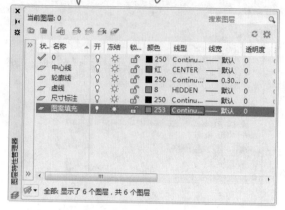

图 2-55 创建其余图层

2.6 查询功能的使用

灵活地利用查询功能，可以快速、准确地获取图形的数据信息。它包括距离查询、半径查询、角度查询、面积／周长查询、面域／质量查询等。用户可以通过以下方式调用距离查询命令。

● 执行"工具"→"查询"命令的子命令。
● 执行"工具"→"工具栏"→AutoCAD→"查询"命令，在"查询"工具栏中单击相应按钮。

2.6.1 距离查询

距离查询是指查询两点之间的距离。在命令行输入 MEASUREGEOM 命令并按回车键，根据命令行的提示指定点即可查询两点之间的距离。

在创建图形时，系统不仅会在屏幕上显示该图形，同时还建立了关于该对象的一组数据，不仅包括了对象的层、颜色和线型等信息，而且还包括了对象的 X、Y、Z 坐标值等属性。

命令行的提示如下：

```
命令：_MEASUREGEOM
输入选项 [距离(D)/半径(R)/角度(A)/面积(AR)/体积(V)] <距离→：_distance
指定第一点：
指定第二个点或 [多个点(M)]：
距离 = 850.0000，XY 平面中的倾角 = 270，  与 XY 平面的夹角 = 0
X 增量 = 0.0000，  Y 增量 = -850.0000，  Z 增量 = 0.0000
```

如图 2-56、图 2-57 所示为距离查询功能的应用。

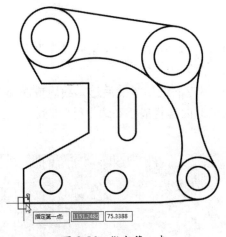

图 2-56　指定第一点

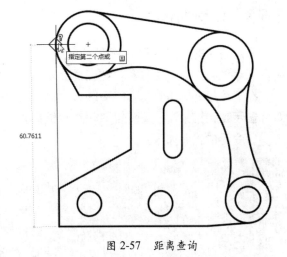

图 2-57　距离查询

2.6.2　半径查询

在绘制图形时，使用该命令可以查询圆弧或圆的半径。用户可以通过以下方式调用半径查询命令。

● 执行"工具"→"查询"→"半径"命令。

● 在命令行输入 MEASUREGEOM 命令并按回车键。

命令行的提示如下：

```
命令：_MEASUREGEOM
输入选项 [距离(D)/半径(R)/角度(A)/面积(AR)/体积(V)] <距离→：_radius
选择圆弧或圆：
半径 = 113.0000
直径 =226.0000
输入选项 [距离(D)/半径(R)/角度(A)/面积(AR)/体积(V)/退出(X)] <半径→：*取消*
```

如图 2-58、图 2-59 所示为机械零件的半径查询。

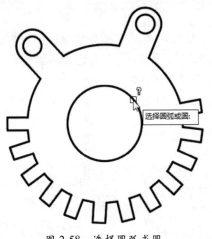

图 2-58　选择圆弧或圆

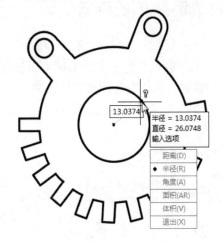

图 2-59　半径查询

2.6.3 角度查询

角度查询是指查询圆、圆弧、直线或顶点的角度。角度查询包括两种类型："查询两点虚线在 XY 平面内的夹角"和"查询两点虚线与 XY 平面的夹角"。

在命令行输入 MEASUREGEOM 命令，按照提示选择相应的选项。然后选择线段或圆弧后即可显示查询结果。按 Esc 键取消查询结果显示，此时查询的内容将显示在命令行中。

命令行的提示如下：

```
命令：_MEASUREGEOM
输入选项 [距离(D)/半径(R)/角度(A)/面积(AR)/体积(V)] <距离→：_angle
选择圆弧、圆、直线或 <指定顶点→：
选择第二条直线：
角度 = 148°
输入选项 [距离(D)/半径(R)/角度(A)/面积(AR)/体积(V)/退出(X)] <角度→：*取消*
```

如图 2-60、图 2-61 所示为机械零件的角度查询。

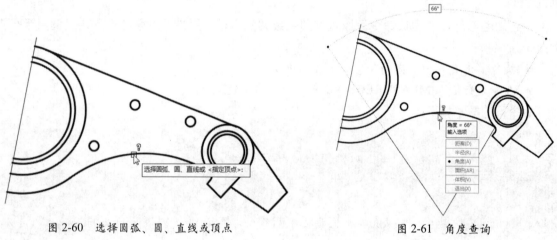

图 2-60　选择圆弧、圆、直线或顶点　　　　图 2-61　角度查询

2.6.4 面积／周长查询

在 AutoCAD 中，使用"面积"命令可以查询多边形区域，或由指定对象围成区域的面积和周长。对于一些本身是封闭的图形可以直接选择对象查询，而对于由直线、圆弧等组成的封闭图形，就需要将组合图形的点连接起来，形成封闭路径后进行查询。

在命令行输入 MEASUREGEOM 命令，按照提示输入 AREA 命令，指定图形所有顶点。查询后按 Esc 键取消。

命令行的提示如下：

```
命令：_MEASUREGEOM
输入选项 [距离(D)/半径(R)/角度(A)/面积(AR)/体积(V)] <距离→：_area
指定第一个角点或 [对象(O)/增加面积(A)/减少面积(S)/退出(X)] <对象(O)→：
指定下一个点或 [圆弧(A)/长度(L)/放弃(U)]：
指定下一个点或 [圆弧(A)/长度(L)/放弃(U)]：
```

指定下一个点或 [圆弧(A)/长度(L)/放弃(U)/总计(T)] <总计→：
指定下一个点或 [圆弧(A)/长度(L)/放弃(U)/总计(T)] <总计→：
区域 = 562500.0000，周长 = 3000.0000
输入选项 [距离(D)/半径(R)/角度(A)/面积(AR)/体积(V)/退出(X)] <面积→：*取消*

2.6.5 面域／质量查询

面域和质量查询可以查询面域和实体的质量特性。用户可以通过以下方式调用面域／质量查询命令。

- 执行"工具"→"查询"→"面域／质量特性"命令。
- 执行"工具"→"工具栏"→ AutoCAD →"查询"命令，打开"查询"工具栏，在工具栏中单击"面域／质量特性"按钮 。
- 在命令行输入 MASSPROP 命令并按回车键。

知识拓展

除了以上几种查询方法，AutoCAD 还可以对创建图形的时间进行查询。只需在命令行输入 TIME 命令并按回车键，即可打开 AutoCAD 文本窗口，在该窗口中生成一个报告，该报告会显示当前日期和时间、创建图形日期和时间、上一次更新日期和时间等。

综合演练——为机械零件图创建图层

实例路径： 实例 /CH02/ 综合演练 / 为机械零件图创建图层 .dwg
视频路径： 视频 /CH02/ 为机械零件图创建图层 .avi

本章主要介绍了在绘图中的辅助绘图操作，下面将利用前面所学习的知识，为机械零件图创建图层，具体介绍为机械零件图创建图层的方法。

Step 01 执行"格式"→"图层"命令，打开"图层特性管理器"面板，如图 2-62 所示。

Step 02 单击"新建"按钮，创建新图层，输入名称为"中心线"，如图 2-63 所示。

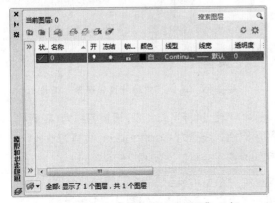

图 2-62 打开"图层特性管理器"面板

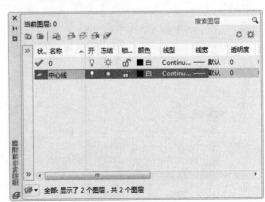

图 2-63 输入名称

Step 03 单击"颜色"图标，在打开的"选择颜色"对话框中，选择红色，如图 2-64 所示。

图 2-64 选择颜色

Step 04 单击"确定"按钮，返回"图层特性管理器"面板，如图 2-65 所示。

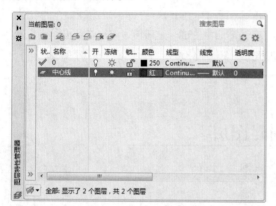

图 2-65 返回"图层特性管理器"面板

Step 05 单击"线型"按钮，打开"选择线型"对话框，如图 2-66 所示。

图 2-66 打开"选择线型"对话框

Step 06 单击"加载"按钮，打开"加载或重载线型"对话框，并选择合适的线型，如图 2-67 所示。

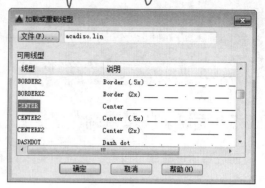

图 2-67 选择线型

Step 07 单击"确定"按钮，返回"选择线型"对话框，选择需要的线型，如图 2-68 所示。

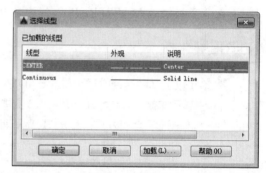

图 2-68 确定线型

Step 08 单击"确定"按钮，返回"图层特性管理器"面板，如图 2-69 所示。

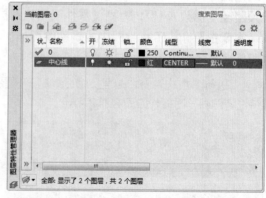

图 2-69 返回"图层特性管理器"面板

Step 09 继续执行当前命令，设置名称为"轮廓线"，颜色黑色，线型为 Continuous，线宽为 0.3mm，其他设置保持默认，如图 2-70 所示。

Step 10 继续执行当前命令，新建其余图层，完成机械图纸图层的创建，如图 2-71 所示。

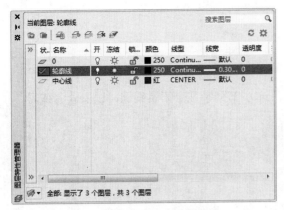

图 2-70　创建"轮廓线"图层

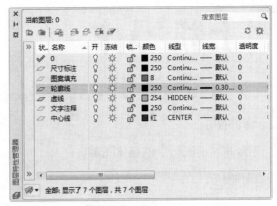

图 2-71　创建其余图层

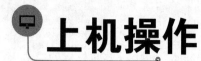

为了让读者能够更好地掌握本章所学的知识，在本小节列举几个拓展案例，以供读者练习。

1. 合并图层

合并当前图纸中的墙体图层。

⚠ **操作提示：**

Step 01 打开"图层特性管理器"面板，选择相应图层，如图2-72所示。

Step 02 单击鼠标右键，选择"将选定图层合并到"命令，打开"合并到图层"对话框，选择目标图层后单击"确定"按钮，如图2-73所示。

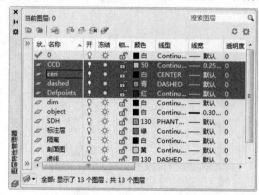

图 2-72 创建并选择图层

图 2-73 打开"合并到图层"对话框

2. 设置法兰盘剖面图

修改当前图纸中图案填充的颜色。

⚠ **操作提示：**

Step 01 在"图层特性管理器"面板中选择"图案填充"图层，打开"选择颜色"对话框，从中进行设置，如图2-74所示。

Step 02 设置图案填充效果，如图2-75所示。

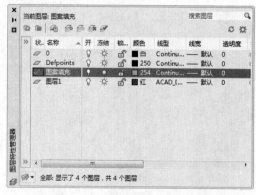

图 2-74 "图层特性管理器"面板

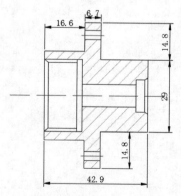

图 2-75 设置填充效果

第 **3** 章

绘制二维机械图形

在机械工程设计图纸中，任何复杂的图形都是由基本的二维图形所组成的。本章针对 AutoCAD 中基本二维图形的绘制方法及技巧进行介绍。二维绘图命令在整个绘图过程中使用的频率很高。因此，熟练掌握 AutoCAD 二维图形的绘制是进行工程设计的前提。

知识要点

- ▲ 绘制点
- ▲ 绘制线
- ▲ 绘制曲线
- ▲ 绘制矩形和多边形

3.1 绘制点

在 AutoCAD 中，点是构成图形的基础，任何图形都是由无数点组成的，点可以作为捕捉和移动对象的参照点。用户可以使用多种方法创建点。在创建点之前，需要设置点的显示样式。下面将介绍关于点命令的相关操作。

3.1.1 点样式的设置

默认情况下，点在 AutoCAD 中是以圆点的形式显示的，用户可以设置点的显示类型。执行"格式"→"点样式"命令，打开"点样式"对话框，从中选择相应的点样式即可，如图 3-1 所示。

同时，点的大小也可以自定义。若选择"相对于屏幕设置大小"单选按钮，则点的大小是以绘图窗口作为参照来显示。若选择"按绝对单位设置大小"单选按钮，则点大小是以实际单位的大小显示。

图 3-1 "点样式"对话框

3.1.2 绘制点

点是组成图形的最基本图形对象，下面将介绍单点或多点的绘制方法。

● 执行"绘图"→"点"→"单点（或多点）"命令，如图 3-2 所示。

● 在"默认"选项卡"绘图"面板中，单击"多点"按钮，如图 3-3 所示。

● 在命令行输入 POINT 命令并按回车键。

图 3-2　绘制点

图 3-3　绘制多点

3.1.3 定数等分

定数等分可以将图形按照固定的数值和相同的距离进行等分，在图形对象上以平均分出的点的位置作为绘制的参考点。

用户可以通过以下方式绘制定数等分点。

● 执行"绘图"→"点"→"定数等分"命令。

● 在"默认"选项卡"绘图"面板中单击"定数等分"按钮。

● 在命令行输入 DIVIDE 命令并按回车键。

3.1.4 定距等分

定距等分是从某一端点按照指定的距离划分的点。被等分的图形对象在不可以被整除的情况下，等分的最后一段要比之前的距离短。

用户可以通过以下方式绘制定距等分点。

● 执行"绘图"→"点"→"定距等分"命令。

● 在"默认"选项卡"绘图"面板中单击"定距等分"按钮。

● 在命令行输入 MEASURE 命令并按回车键。

3.2　绘制线

线在图形中是基本的图形对象之一，许多复杂的图形都是由线组成的，根据用途不同，线分为直线、射线、样条曲线等。下面将对常见的几种线型进行介绍。

3.2.1　绘制直线

直线是组成图形最基本的元素之一。它既可以作为一条线段，也可以作为一系列相连的线段。绘制直线的方法非常简单，在绘图区内指定直线的起点和终点即可绘制一条直线。

用户可以通过以下方式调用"直线"命令。

- 执行"绘图"→"直线"命令。
- 在"默认"选项卡"绘图"面板中单击"直线"按钮／。
- 在命令行输入 LINE 命令并按回车键。

绘图技巧

在绘制直线的过程中，如果想准确地绘制水平直线和垂直直线，则需要单击状态栏中的"正交"按钮，打开正交模式即可。

3.2.2　绘制射线

射线是从一端点出发向某一方向一直延伸的直线。射线只有起始点没有终点。执行"射线"命令后，在绘图区指定起点，再指定射线的通过点即可绘制一条射线。

用户可以通过以下方式调用"射线"命令。

- 执行"绘图"→"射线"命令。
- 在"默认"选项卡"绘图"面板中单击"射线"按钮 。
- 在命令行输入 RAY 命令并按回车键。

执行"射线"命令后，在绘图区单击鼠标左键即可绘制射线，射线可重复进行绘制，如图 3-4 所示。

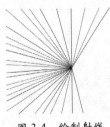

图 3-4　绘制射线

3.2.3　绘制构造线

构造线的应用与射线相同，都起着辅助绘图的作用，而两者的区别在于，构造线是两端无限延长的直线，没有起点和终点；而射线则是一端无限延长，有起点无终点。

用户可以通过以下方式调用"构造线"命令。

- 执行"绘图"→"构造线"命令。
- 在"默认"选项卡"绘图"面板中单击"构造线"按钮 。

- 在命令行输入 XLINE 命令并按回车键。

执行"构造线"命令后，在绘图区单击鼠标左键即可绘制构造线，如图 3-5 所示。

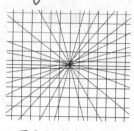

图 3-5　绘制构造线

3.2.4　绘制与编辑多线

多线是一种由平行线组成的图形。在工程设计中，多线的应用非常广泛，如规划设计中绘制道路，管道工程设计中绘制管道剖面等。

1. 设置多线样式

在 AutoCAD 软件中，可以创建和保存多线的样式或应用默认样式，还可以设置多线中每个元素的偏移距离和颜色，并能显示或隐藏多线转折处的边线。用户可以通过以下方法进行设置。

Step 01　执行"格式"→"多线样式"命令，打开"多线样式"对话框，如图 3-6 所示。

Step 02　单击"新建"按钮，打开"创建新的多线样式"对话框，输入新样式名，如图 3-7 所示。

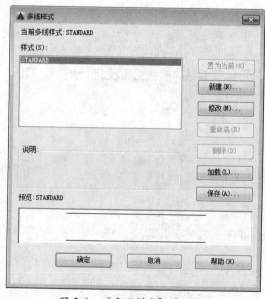

图 3-6　"多线样式"对话框

图 3-7　输入新样式名

Step 03　单击"继续"按钮，打开"新建多线样式"对话框，勾选起点和端点的封口类型为"直线"，设置图元的偏移距离及颜色，如图 3-8 所示。

Step 04　设置完毕后单击"确定"按钮关闭该对话框，返回到"多线样式"对话框，在下方预览区可看到设置后的多线样式，单击"置为当前"按钮即可完成多线样式的设置，如图 3-9 所示。

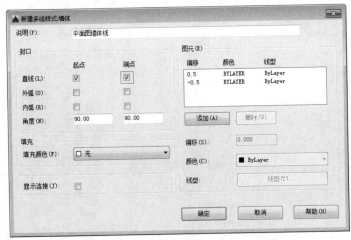

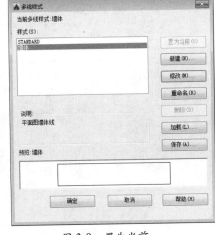

图 3-8 "新建多线样式"对话框　　　　图 3-9 置为当前

2. 绘制多线

设置完多线样式后，就可以开始绘制多线。用户可以通过以下方式调用"多线"命令。

● 执行"绘图"→"多线"命令。

● 在命令行输入 MLINE 命令并按回车键。

知识拓展

默认情况下，绘制多线的操作和直线相似，若想更改当前多线的对齐方式、显示比例及样式等属性，可以在命令行中进行操作。

命令行的提示如下：

```
命令：MLINE
当前设置：对正 = 无，比例 = 20.00，样式 = STANDARD
指定起点或 [对正(J)/比例(S)/样式(ST)]：j
输入对正类型 [上(T)/无(Z)/下(B)] <无>：z
当前设置：对正 = 无，比例 = 20.00，样式 = STANDARD
指定起点或 [对正(J)/比例(S)/样式(ST)]：s
输入多线比例 <20.00>：240
当前设置：对正 = 无，比例 = 240.00，样式 = STANDARD
```

3. 编辑多线

多线绘制完毕后，通常都会需要对该多线进行修改编辑，才能达到预期的效果。在 AutoCAD 中，用户可以利用多线编辑工具对多线进行设置，如图 3-10 所示。在"多线编辑工具"对话框中可以选择多线接口处的类型，用户可以通过以下方式打开该对话框。

● 执行"修改"→"对象"→"多线"命令。

● 在命令行输入 MLEDIT 命令并按回车键。

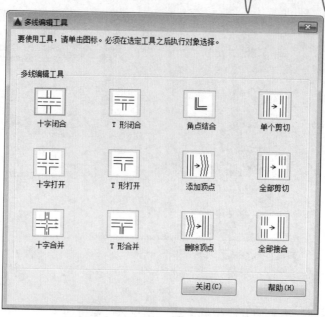

图 3-10 "多线编辑工具"对话框

3.2.5 绘制多段线

多段线是由相连的直线或弧线组合而成的，多段线具有多样性，它可以设置宽度，也可以在一条线段中设置不同的线宽。

用户可以通过以下方式调用"多段线"命令。

● 执行"绘图"→"多段线"命令。
● 在"默认"选项卡"绘图"面板中单击"多段线"按钮。
● 在命令行输入 PLINE 命令并按回车键。

3.3 绘制曲线

曲线包括圆、圆弧、椭圆等，这些曲线在机械制图中同样也是常用的命令之一。下面将向用户介绍其绘制方法。

3.3.1 绘制圆

圆是常用的基本图形之一，要创建圆，可以指定圆心，输入半径值，也可以任意拉取半径长度绘制。用户可以通过以下方式调用"圆"命令。

● 执行"绘图"→"圆"命令的子命令，如图 3-11 所示。
● 在"默认"选项卡"绘图"面板中单击"圆"按钮，如果选择绘制圆的方式，可以单击其按钮下的小三角符号 ▼ 在弹出的菜单中选择相应命令，如图 3-12 所示。

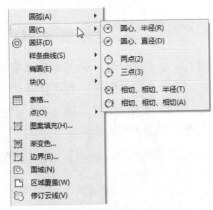

图 3-11　圆的菜单栏命令

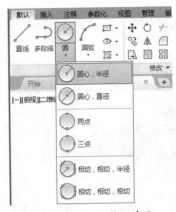

图 3-12　圆的功能区命令

下面将对圆的各项绘制方式进行介绍。

● 在命令行输入 C 命令并按回车键。

● 圆心、半径 / 直径：此方式是先确定圆心，然后输入半径或者直径，即可完成绘制操作。

● 两点 / 三点：在绘图区随意指定两点或三点或者捕捉图形的点即可绘制圆。

● 相切、相切、半径：选择图形对象的两个相切点，再输入半径值即可绘制圆，如图 3-13 所示。

命令行的提示如下：

```
命令：_circle
指定圆的圆心或 [三点(3P)/两点(2P)/切点、切点、半径(T)]：_ttr
指定对象与圆的第一个切点：
指定对象与圆的第二个切点：
指定圆的半径 <150.0000>:100
```

● 相切、相切、相切：选择图形对象的三个相切点，即可绘制一个与图形相切的圆，如图 3-14 所示。

命令行的提示如下：

```
命令：_circle
指定圆的圆心或 [三点(3P)/两点(2P)/切点、切点、半径(T)]：_3p 指定圆上的第一个点：_tan 到
指定圆上的第二个点：_tan 到
指定圆上的第三个点：_tan 到
```

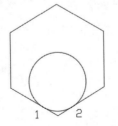

图 3-13　"相切，相切，半径"

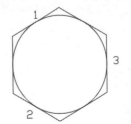

图 3-14　"相切，相切，相切"

实战——绘制三角垫片图形

下面利用"圆""直线"等命令绘制一个三角垫片的平面图形。通过学习本案例，使读者能够熟练掌握在 AutoCAD 中如何使用"圆""直线"等命令绘制图形，其具体操作步骤如下。

Step 01 在"默认"选项卡的"图层"面板中，单击"图层特性"按钮，打开"图层特性管理器"面板，单击"新建图层"按钮创建"中心线"图层，并设置其特性，如图 3-15 所示。

Step 02 继续执行当前操作，创建"轮廓线"等图层并设置其特性，将"中心线"图层置为当前图层，如图 3-16 所示。

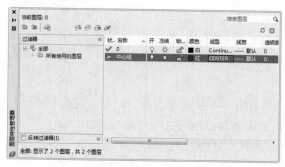

图 3-15 创建"中心线"图层

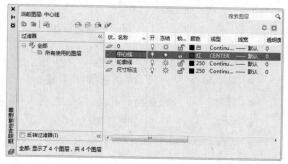

图 3-16 创建其余图层

Step 03 执行"绘图"→"直线"命令，绘制边长为 52mm 的等边三角形，如图 3-17 所示。

Step 04 执行"修改"→"圆角"命令，根据命令行提示设置圆角半径为 5mm，对等边三角形的 3 个顶角进行圆角操作，如图 3-18 所示。

Step 05 执行"绘图"→"圆"命令，捕捉圆角的圆心，绘制半径为 2mm 的圆，如图 3-19 所示。

图 3-17 绘制等边三角形

图 3-18 圆角图形

图 3-19 绘制圆

Step 06 执行"绘图"→"直线"命令，以半径 2mm 圆的圆心为中点绘制两条长 8mm 的相互垂直的直线，如图 3-20 所示。

Step 07 执行"修改"→"复制"命令，选中两条相交的直线，按回车键，指定其交点作为复制基点，然后捕捉圆心复制相交线，如图 3-21 所示。

Step 08 执行"标注"→"线性"命令，对三角垫片进行尺寸标注，完成三角垫片的绘制，如图 3-22 所示。

图 3-20 绘制直线

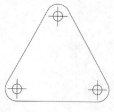
图 3-21 复制相交线

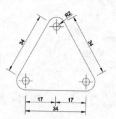
图 3-22 尺寸标注

3.3.2 绘制圆弧

绘制圆弧的方法有很多种，默认情况下，绘制圆弧需要三点：圆弧的起点、圆弧上的点和圆弧的端点。

用户可以通过以下方式调用圆弧命令：

● 执行"绘图"→"圆弧"命令的子命令，如图 3-23 所示。

● 在"默认"选项卡"绘图"面板中单击"圆弧"按钮 ，如果选择绘制圆弧的方式，可以单击其按钮下的小三角符号 ，在弹出的菜单中选择相应命令，如图 3-24 所示。

● 在命令行输入 ARC 命令并按回车键。

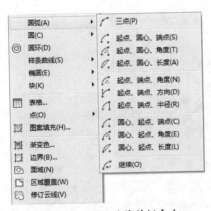

图 3-23　圆弧的菜单栏命令

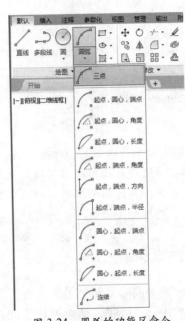

图 3-24　圆弧的功能区命令

下面将对圆弧中各命令的功能逐一进行介绍。

● 三点：通过指定圆弧的起点、圆弧上的点和圆弧的端点绘制。

● 起点、圆心、端点：指定圆弧的起点、圆心和端点绘制。

● 起点、圆心、角度：指定圆弧的起点、圆心和角度绘制。

● 起点、圆心、长度：所指定的弦长不可以超过起点到圆心距离的两倍。

● 起点、端点、角度：指定圆弧的起点、端点和角度绘制。

● 起点、端点、方向：指定圆弧的起点、端点和方向绘制。首先指定起点和端点，这时鼠标指定方向，圆弧会根据指定的方向进行绘制。指定方向后单击鼠标左键，即可完成圆弧的绘制。

● 起点、端点、半径：指定圆弧的起点、端点和半径绘制，绘制完成的圆弧半径是指定的半径长度。

● 圆心、起点、端点：首先指定圆心再指定起点和端点绘制。

● 圆心、起点、角度：指定圆弧的圆心、起点和角度绘制。

● 圆心、起点、长度：指定圆弧的圆心、起点和长度绘制。

● 继续：与最后绘制的对象相切。

3.3.3 绘制椭圆

椭圆是由一条较长的轴和一条较短的轴定义而成。用户可以通过以下方式调用"椭圆"命令。

● 执行"绘图"→"椭圆"命令的子命令，如图 3-25 所示。

● 在"默认"选项卡"绘图"面板中单击"椭圆"按钮⚬，如果选择绘制椭圆的方式，可以单击按钮下的小三角符号▼，在弹出的菜单中选择相应命令，如图 3-26 所示。

● 在命令行输入 ELLIPSE 命令并按回车键。

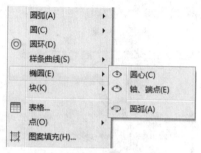

图 3-25　椭圆的菜单栏命令

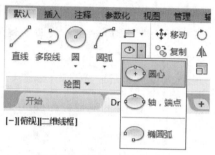

图 3-26　椭圆的功能区命令

下面将对椭圆中各命令的功能逐一进行介绍。

● 圆心：通过指定椭圆的圆心确定长轴和短轴的尺寸来绘制椭圆。

● 轴、端点：通过指定轴的两个端点来绘制椭圆。

● 圆弧：在椭圆上按照一定的角度截取一段弧线。

3.3.4 绘制圆环

圆环是由两个同心圆组成的组合图形。在绘制圆环时，应首先指定圆环的内径、外径，然后再指定圆环的中心点即可完成圆环的绘制，如图 3-27 所示。

用户可以通过以下方式调用"圆环"命令。

● 执行"绘图"→"圆环"命令。

● 在"默认"选项卡"绘图"面板中单击"圆环"按钮◎。

● 在命令行输入 DONUT 命令并按回车键。

命令行的提示如下：

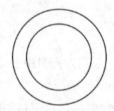

图 3-27　圆环图形

```
命令：
DONUT
指定圆环的内径 <228.0181>: 100
指定圆环的外径 <1.0000>: 120
指定圆环的中心点或 <退出>:
指定圆环的中心点或 <退出>: *取消*
```

知识拓展

绘制完一个圆环后，可以继续指定中心点的位置，来绘制相同大小的多个圆环，然后直接按 Esc 键退出操作。

实战——绘制手柄图形

下面利用"圆""多段线"等命令绘制一个手柄的平面图形。通过学习本案例，使读者能够熟练掌握在 AutoCAD 中如何使用"圆""多段线"等命令绘制图形，其具体操作步骤如下。

Step 01 在"默认"选项卡的"图层"面板中，单击"图层特性"按钮，打开"图层特性管理器"面板，单击"新建图层"按钮创建"中心线"图层，并设置其特性，如图 3-28 所示。

Step 02 继续执行当前操作，创建"轮廓线"等图层并设置其特性，将"中心线"图层置为当前图层，如图 3-29 所示。

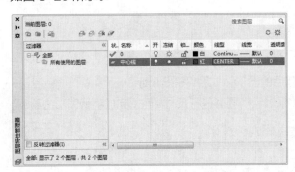

图 3-28 创建"中心线"图层

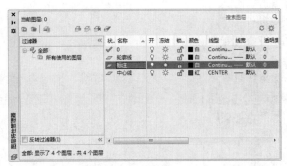

图 3-29 创建其余图层

Step 03 执行"绘图"→"直线"命令，绘制中心线，并执行"偏移"命令，偏移中心线，如图 3-30 所示。

Step 04 执行"修改"→"特性"命令，设置线型比例为 0.3，如图 3-31 所示。

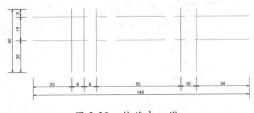

图 3-30 偏移中心线

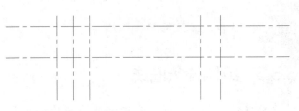

图 3-31 设置线型比例

Step 05 设置"轮廓线"图层为当前层，执行"圆"命令，绘制半径分别为 2.5mm、15mm 和 10mm 的 3 个圆，尺寸如图 3-32 所示。

Step 06 在"默认"选项卡的"绘图"面板中，单击"圆"下拉按钮，选择"相切，相切，半径"命令，并同时开启"对象捕捉"功能，绘制半径为 50mm 的圆，如图 3-33 所示。

Step 07 继续执行当前命令，绘制半径为 12mm 的相切圆，如图 3-34 所示。

Step 08 执行"绘图"→"多段线"命令，绘制多段线，尺寸如图 3-35 所示。

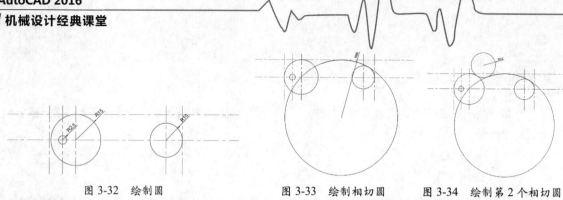

图 3-32 绘制圆   图 3-33 绘制相切圆   图 3-34 绘制第 2 个相切圆

Step 09 绘制好后删除多余的中心线，如图 3-36 所示。

Step 10 执行"修改"→"修剪"命令，修剪掉多余的线段，如图 3-37 所示。

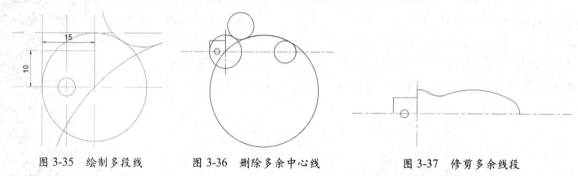

图 3-35 绘制多段线   图 3-36 删除多余中心线   图 3-37 修剪多余线段

Step 11 执行"修改"→"镜像"命令，镜像复制修剪后的图形，如图 3-38 所示。

Step 12 执行"标注"→"线性""半径"和"直径"命令，对手柄图形进行尺寸标注，完成手柄图形的绘制，如图 3-39 所示。

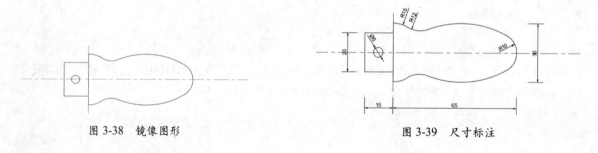

图 3-38 镜像图形   图 3-39 尺寸标注

3.3.5 绘制样条曲线

样条曲线是经过或接近影响曲线形状的一系列点的平滑曲线。用户可以通过以下方式调用样条曲线命令。

● 在"默认"选项卡"绘图"面板中单击"样条曲线拟合"按钮 或"样条曲线控制点"按钮 。

● 在命令行输入 SPLINE 命令并按回车键。

样条曲线分为样条曲线拟合和样条曲线控制点两种方式。如图 3-40 所示为拟合绘制的曲线，如图 3-41 所示为控制点绘制的曲线。

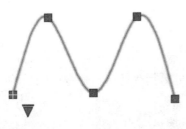

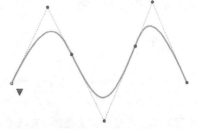

图 3-40　样条曲线拟合　　　　　　　　图 3-41　样条曲线控制点

知识拓展

　　选中样条曲线，在出现的夹点中可编辑样条曲线。

　　单击夹点中三角符号可进行类型切换，如图 3-42 所示。

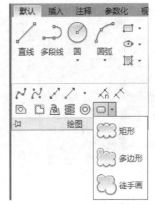

图 3-42　切换夹点类型

3.3.6　绘制修订云线

　　修订云线由圆弧组成，用于圈阅标记图形的某个部分，可以使用亮色，提醒用户改正错误。在 AutoCAD 2016 中，修订云线可分为矩形修订云线、多边形修订云线以及徒手画 3 种绘图方式。

　　用户可以通过以下方式调用"修订云线"命令。
- 执行"绘图"→"修订云线"命令。
- 在"默认"选项卡"绘图"面板中单击"修订云线"按钮，如果选择绘制修订云线的方式，可以单击其按钮下的小三角符号，在弹出的菜单中选择相应命令，如图 3-43 所示。
- 在命令行输入 REVCLOUD 命令并按回车键。

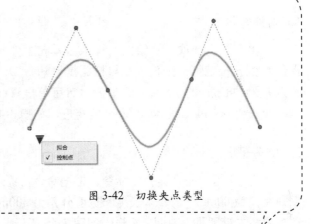

图 3-43　修订云线的功能区命令

3.4　绘制矩形和多边形

　　矩形和多边形是基本的几何图形，其中，多边形包括三角形、四边形、五边形和其他多边形等。

57

下面将分别对其操作进行介绍。

3.4.1　绘制矩形

矩形是常用的几何图形之一，用户可以通过以下方式调用"矩形"命令。

● 执行"绘图"→"矩形"命令。
● 在"默认"选项卡"绘图"面板中单击"矩形"按钮▢ ▾。
● 在命令行输入 RECTANG 命令并按回车键。

矩形分为普通矩形、倒角矩形和圆角矩形。用户可以随意指定矩形的两个对角点创建矩形，也可以指定面积和尺寸创建矩形。下面将对其绘制方法进行介绍。

1. 普通矩形

在"默认"选项卡"绘图"面板中单击"矩形"按钮▢ ▾。在任意位置指定第一个角点，再根据提示输入 D，并按回车键，输入矩形的长度和宽度后按回车键，然后单击鼠标左键，即可绘制一个长为 600mm、宽为 400mm 的矩形，如图 3-44 所示。

图 3-44　普通矩形

2. 倒角矩形

执行"绘图"→"矩形"命令。根据命令行提示输入 C，输入倒角距离为 80mm，再输入长度和宽度分别为 600mm 和 400mm，单击鼠标左键即可绘制倒角矩形，如图 3-45 所示。

命令行的提示如下：

图 3-45　倒角矩形

```
命令: _rectang
当前矩形模式:  倒角=80.0000 x 60.0000
指定第一个角点或 [倒角(C)/标高(E)/圆角(F)/厚度(T)/宽度(W)]: c
指定矩形的第一个倒角距离 <80.0000>: 80
指定矩形的第二个倒角距离 <60.0000>: 80
指定第一个角点或 [倒角(C)/标高(E)/圆角(F)/厚度(T)/宽度(W)]:
指定另一个角点或 [面积(A)/尺寸(D)/旋转(R)]: d
指定矩形的长度 <10.0000>: 600
指定矩形的宽度 <10.0000>: 400
指定另一个角点或 [面积(A)/尺寸(D)/旋转(R)]:
```

3. 圆角矩形

在命令行输入 RECTANG 命令并按回车键。根据提示输入 F，设置半径为 50mm，然后指定两个对角点即可完成绘制圆角矩形的操作，如图 3-46 所示。

命令行的提示如下：

图 3-46　圆角矩形

```
命令: _rectang
指定第一个角点或 [倒角(C)/标高(E)/圆角(F)/厚度(T)/宽度(W)]: f
指定矩形的圆角半径 <0.0000>: 100
指定第一个角点或 [倒角(C)/标高(E)/圆角(F)/厚度(T)/宽度(W)]:
指定另一个角点或 [面积(A)/尺寸(D)/旋转(R)]:
```

绘图技巧

　　用户也可以设置矩形的宽度，执行"绘图"→"矩形"命令。根据提示输入 W，再输入线宽的数值，指定两个对角点即可绘制一个有宽度的矩形，如图 3-47 所示。

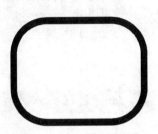

图 3-47　带有宽度的圆角矩形

3.4.2　绘制多边形

　　多边形是指由三条或三条以上长度相等的线段组成的闭合图形。默认情况下，多边形的边数为 4。用户可以通过以下方式调用"多边形"命令。

● 执行"绘图"→"多边形"命令。
● 在"默认"选项卡"绘图"面板中单击"矩形"按钮的小三角符号 □▼，在弹出的列表中单击"多边形"按钮 ⬠。
● 在命令行输入 POLYGON 命令并按回车键。

　　绘制多边形时分为内接于圆和外切于圆两个方式，内接于圆就是多边形在一个虚构的圆内；外切于圆就是多边形在一个虚构的圆外，下面将对其相关内容进行介绍。

1. 内接于圆

　　在命令行输入 POLYGON 命令并按回车键，根据提示设置多边形的边数、内接和半径。设置完成后效果如图 3-48 所示。
　　命令行的提示如下：

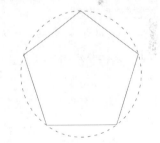

图 3-48　绘制内接于圆的五边形

```
命令: POLYGON
输入侧面数 <7>: 5
指定正多边形的中心点或 [边(E)]:
输入选项 [内接于圆(I)/外切于圆(C)] <I>: i
指定圆的半径: 80
```

2. 外切于圆

在命令行输入 POLYGON 命令并按回车键，根据提示设置多边形的边数、外切和半径。设置完成后效果如图 3-49 所示。

命令行的提示如下：

```
命令：POLYGON
输入侧面数 <7>: 5
指定正多边形的中心点或 [边(E)]:
输入选项 [内接于圆(I)/外切于圆(C)] <I>: c
指定圆的半径：80
```

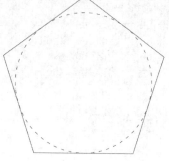

图 3-49　绘制外切于圆的五边形

🔊 实战——绘制螺母图形

下面利用"圆""多边形"命令绘制一个螺母平面图形。通过学习本案例，使读者能够熟练掌握在 AutoCAD 中如何使用"圆""多边形"命令绘制图形，其具体操作步骤如下。

Step 01 在"默认"选项卡的"图层"面板中，单击"图层特性"按钮，打开"图层特性管理器"面板，单击"新建图层"按钮，创建"中心线"图层，并设置其特性，如图 3-50 所示。

Step 02 继续执行当前操作，创建"轮廓线"等图层并设置其特性，将"中心线"图层置为当前图层，如图 3-51 所示。

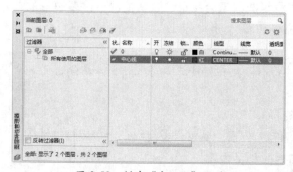

图 3-50　创建"中心线"图层

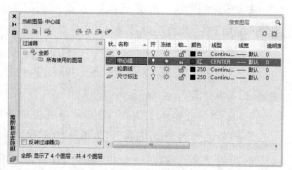

图 3-51　创建其余图层

Step 03 执行"绘图"→"直线"命令，绘制两条相交的中心线，设置线型比例为 0.1，如图 3-52 所示。

Step 04 执行"绘图"→"正多边形"命令，根据命令行提示设置侧面数为 6，选择外切于圆，指定圆半径为 10mm，捕捉中心线交点，绘制正六边形，如图 3-53 所示。

Step 05 执行"绘图"→"圆"命令，捕捉中心线的交点绘制半径为 5mm 和 10mm 的同心圆，如图 3-54 所示。

Step 06 执行"标注"→"线性"命令，对螺母图形进行尺寸标注，完成螺母图形的绘制，如图 3-55 所示。

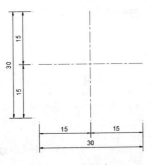

图 3-52 绘制直线

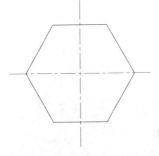

图 3-53 绘制正六边形

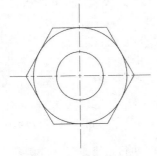

图 3-54 绘制同心圆

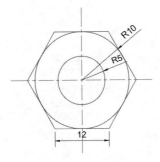

图 3-55 尺寸标注

综合演练——绘制扳手图形

实例路径： 实例 /CH03/ 综合演练 / 绘制扳手图形 .dwg
视频路径： 视频 /CH03/ 绘制扳手图形 .avi

在学习了本章知识内容后，接下来通过具体案例练习来巩固所学的知识，以做到学以致用。本例的扳手图形主要利用了"直线""圆""偏移"等命令进行绘制，下面介绍具体绘制方法。

Step 01 在"默认"选项卡的"图层"面板中，单击"图层特性"按钮，打开"图层特性管理器"面板，单击"新建图层"按钮，创建"中心线"图层，并设置其特性，如图 3-56 所示。

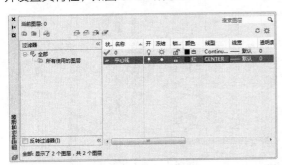

图 3-56 创建"中心线"图层

Step 02 继续执行当前操作，创建"轮廓线"等图层并设置其特性，将"中心线"图层置为当前图层，如图 3-57 所示。

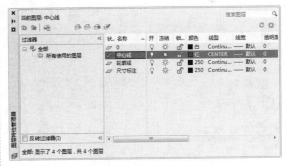

图 3-57 创建其余图层

Step 03 执行"绘图"→"直线"命令，绘制两条相交的中心线，设置线型比例为 1，如图 3-58 所示。

Step 04 执行"修改"→"偏移"命令，将中心线进行偏移，如图 3-59 所示。

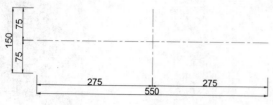

图 3-58 绘制直线

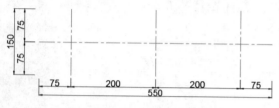

图 3-59 偏移线段

Step 05 执行"绘图"→"直线"命令，捕捉中心线的交点，绘制一个长为 315mm、宽为 50mm 的矩形，如图 3-60 所示。

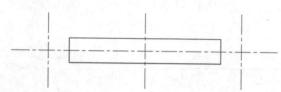

图 3-60 绘制矩形

Step 06 执行"绘图"→"圆"命令，捕捉交点绘制半径为 50mm 的圆，如图 3-61 所示。

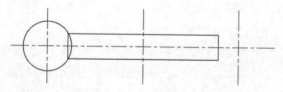

图 3-61 绘制圆

Step 07 执行"绘图"→"正多边形"命令，设置侧面数为 6，选择内接于圆，指定圆半径为 25mm，捕捉圆心绘制正六边形，如图 3-62 所示。

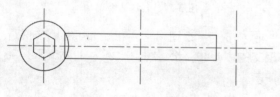

图 3-62 绘制正六边形

Step 08 执行"修改"→"镜像"命令，镜像复制图形，如图 3-63 所示。

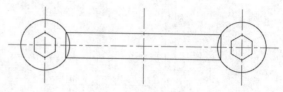

图 3-63 镜像图形

Step 09 执行"修改"→"移动"命令，移动右侧的正六边形，如图 3-64 所示。

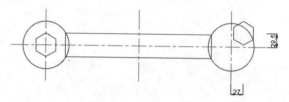

图 3-64 移动图形

Step 10 执行"修改"→"偏移"命令，将矩形上下两条边线向内各偏移 5mm，将左、右两条边线向内各偏移 40mm，如图 3-65 所示。

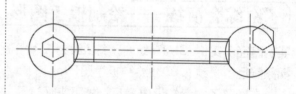

图 3-65 偏移线段

Step 11 执行"绘图"→"圆"命令，绘制两个半径为 20mm 的圆，如图 3-66 所示。

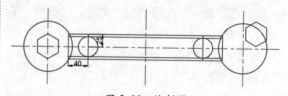

图 3-66 绘制圆

Step 12 关闭"中心线"图层，执行"修改"→"修剪"命令，修剪掉多余的线段，如图 3-67 所示。

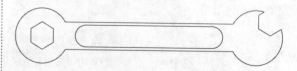

图 3-67 修剪多余线段

Step 13 执行"标注"→"线性"命令，对扳手图形进行尺寸标注，完成扳手图形的绘制，如图 3-68 所示。

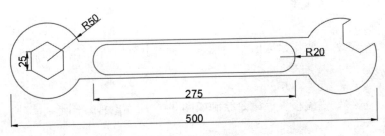

图 3-68　尺寸标注

上机操作

为了让读者能够更好地掌握本章所学的知识，在本小节列举几个拓展案例，以供读者练习。

1. 绘制弹片图形

利用"圆""直线""偏移"等命令绘制如图 3-69 所示的弹片图形。

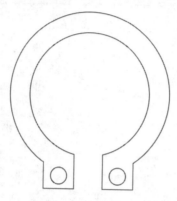

图 3-69　绘制弹片图形

⚠ 操作提示：

Step 01 利用"圆""直线""偏移"等命令绘制弹片的轮廓。

Step 02 利用"修剪"命令，修剪掉多余的线段。

2. 绘制偏心轮图形

绘制如图 3-70 所示的偏心轮图形。

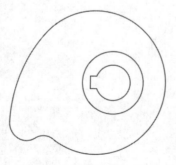

图 3-70　绘制偏心轮图形

⚠ 操作提示：

Step 01 利用"圆""圆弧"命令绘制偏心轮的轮廓。

Step 02 利用"直线""修剪"命令，修剪掉多余的直线。

第**4**章

编辑二维机械图形

本章将介绍二维图形的编辑操作。在使用 AutoCAD 绘制图形过程中，通过对基础二维图形的编辑、修改可以更准确地表达图形的结构形状。其次，通过对二维图形的位置、角度进行调整可方便地对图形进行定位。通过本章的学习，可掌握 AutoCAD 的常用编辑工具，帮助用户快速地熟悉二维图形的编辑操作。

知识要点

▲ 编辑图形

▲ 编辑复杂图形

▲ 图形图案的填充

4.1 编辑图形

通过编辑图形，用户可以在绘图过程中随时根据需要调整图形对象的外部特征和位置，从而能够迅速、准确地绘制出各种复杂的图形。

4.1.1 移动图形

移动图形对象可以将图形对象从当前位置移动到新的位置，用户可以通过以下方式进行移动操作。

● 执行"修改"→"移动"命令。

● 在"默认"选项卡"修改"面板中单击"移动"按钮✦。

● 在命令行输入 MOVE 命令并按回车键。

执行"移动"命令后，根据命令行提示，先选中要移动的图形，然后指定移动基点，最后指定移动的新位置即可。命令行的提示如下：

```
命令: _move
选择对象: 找到 1 个
```

选择对象：
指定基点或 [位移(D)] <位移>：
指定第二个点或 <使用第一个点作为位移>：

　　还有一种方法就是利用中心夹点移动图形，选择图形后，单击图形中心夹点，根据命令行提示输入命令C，按回车键确定后即可指定新图形的中心点。
　　命令行的提示如下：

命令：指定对角点或 [栏选(F)/圈围(WP)/圈交(CP)]：
命令：
** 拉伸 **
指定拉伸点或 [基点(B)/复制(C)/放弃(U)/退出(X)]：C
** 拉伸（多重）**
指定拉伸点或 [基点(B)/复制(C)/放弃(U)/退出(X)]：

知识拓展

　　　　通过选择并移动夹点，可以将对象拉伸或移动到新的位置。对于某些夹点，移动时只能移动对象而不能拉伸，如文字、块、直线中点、圆心、椭圆中心点、圆弧圆心和点对象上的夹点。

4.1.2　复制图形

　　任何一份工程制图都含有许多相同的图形对象，它们只是在位置上不同而已。AutoCAD 提供了复制命令，可以将任意复杂的图形复制到视图中任意位置。用户可以通过以下方式进行复制操作。

● 执行"修改"→"复制"命令。
● 在"默认"选项卡"修改"面板中单击"复制"按钮。
● 在命令行输入 COPY 命令并按回车键。

　　执行"复制"命令后，先选择要复制的图形，其后指定复制的基点，最后指定新位置即可。
　　命令行的提示如下：

命令：_copy
选择对象：找到 1 个
选择对象：
当前设置：复制模式 = 多个
指定基点或 [位移(D)/模式(O)] <位移>：
指定第二个点或 [阵列(A)] <使用第一个点作为位移>：
指定第二个点或 [阵列(A)/退出(E)/放弃(U)] <退出>：

4.1.3　旋转图形

　　旋转图形是指将图形按照指定的角度进行旋转，用户可以通过以下方式旋转图形。

- 执行“修改”→“旋转”命令。
- 在“默认”选项卡“修改”面板中单击“旋转”按钮↺。
- 在命令行输入 ROTATE 命令并按回车键。

执行“旋转”命令后，先选择要旋转的图形，按回车键，然后指定图形的旋转基点，最后再输入旋转角度，按回车键即可。命令行的提示如下：

```
命令：_rotate
UCS 当前的正角方向：  ANGDIR=逆时针  ANGBASE=0
选择对象：找到 1 个
选择对象：
指定基点：
指定旋转角度，或 [复制(C)/参照(R)] <0>：
```

4.1.4　镜像图形

在机械图形中，对称图形是非常常见的，在绘制好图形后，若使用“镜像”命令操作，即可得到一个相同并方向相反的图形，用户可以利用以下方法调用“镜像”命令。

- 执行“修改”→“镜像”命令。
- 在“默认”选项卡“修改”面板中单击“镜像”按钮⚞。
- 在命令行输入 MIRROR 命令并按回车键。

执行“镜像”命令后，先选择镜像图形，然后按回车键，指定图形的镜像点，在打开的提示中，选择是否删除源对象。最后按回车键完成镜像操作。命令行的提示如下：

```
命令：_mirror
选择对象：找到 1 个
选择对象：
指定镜像线的第一点：
指定镜像线的第二点：
要删除源对象吗？[是(Y)/否(N)] <否>：
```

实战——绘制底座立面图形

下面利用“圆角”“镜像”等命令绘制一个底座的立面图形。通过学习本案例，读者能够熟练掌握在 AutoCAD 中如何使用“圆角”“镜像”等命令绘制图形，操作步骤如下。

Step 01 在“默认”选项卡的“图层”面板中，单击“图层特性”按钮，打开“图层特性管理器”面板，单击“新建图层”按钮，创建“中心线”图层，并设置其特性，如图 4-1 所示。

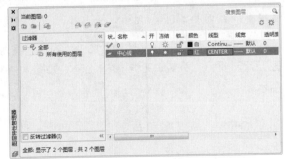

图 4-1　创建图层

Step 02 继续执行当前操作,创建"轮廓线"等图层并设置其特性,将"轮廓线"图层置为当前图层,如图 4-2 所示。

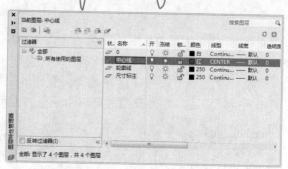

图 4-2　创建其余图层

Step 03 执行"绘图"→"矩形"命令,绘制一个长 40mm、宽 40mm 的矩形,如图 4-3 所示。

Step 04 执行"修改"→"分解"命令,将矩形分解。执行"修改"→"偏移"命令,将矩形边线向内进行偏移操作,如图 4-4 所示。

Step 05 执行"绘图"→"修剪"命令,修剪掉多余的线段,如图 4-5 所示。

Step 06 执行"修改"→"圆角"命令,设置圆角半径为 2mm,对图形进行圆角操作,如图 4-6 所示。

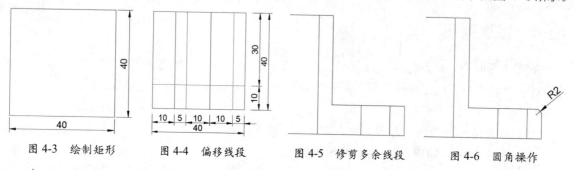

图 4-3　绘制矩形　　　图 4-4　偏移线段　　　图 4-5　修剪多余线段　　　图 4-6　圆角操作

Step 07 设置"中心线"图层为当前层,执行"绘图"→"直线"命令,绘制中心线,并设置线型比例为 0.3,如图 4-7 所示。

Step 08 执行"修改"→"镜像"命令,选择镜像对象,如图 4-8 所示。

Step 09 根据命令行提示,指定镜像的第一点和第二点,如图 4-9 所示。

Step 10 单击鼠标左键,提示是否删除源对象,这里保留源对象,如图 4-10 所示。

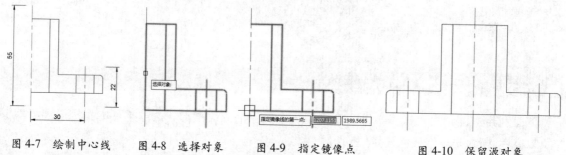

图 4-7　绘制中心线　　　图 4-8　选择对象　　　图 4-9　指定镜像点　　　图 4-10　保留源对象

Step 11 执行"标注"→"线性"命令,对底座图形进行尺寸标注,完成底座图形的绘制,如图 4-11 所示。

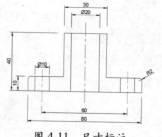

图 4-11　尺寸标注

4.1.5 偏移图形

偏移图形是按照一定的偏移值将图形进行复制和位移，偏移后的图形和原图形的形状相同，并与原图形平行。用户可以通过以下方式调用"偏移"命令。

- 执行"修改"→"偏移"命令。
- 在"默认"选项卡"修改"面板中单击"偏移"按钮 。
- 在命令行输入 OFFSET 命令并按回车键。

执行"偏移"命令后，先输入偏移距离，按回车键，然后选择偏移对象，最后指定偏移方向即可。命令行的提示如下：

```
命令: _offset
当前设置：删除源=否  图层=源  OFFSETGAPTYPE=0
指定偏移距离或 [通过(T)/删除(E)/图层(L)] <20.0000>: 150
选择要偏移的对象，或 [退出(E)/放弃(U)] <退出>:
指定要偏移的那一侧上的点，或 [退出(E)/多个(M)/放弃(U)] <退出>:
```

绘图技巧

在进行"偏移"操作时，需要先输入偏移值，再选择偏移对象。而且"偏移"命令只能偏移直线、斜线或多段线，而不能偏移图形。

4.1.6 阵列图形

阵列图形是一种有规律的复制图形命令，当绘制的图形需要按照规律进行分布时，就可以使用阵列命令解决，阵列图形包括矩形阵列、环形阵列和路径阵列 3 种。

用户可以通过以下方式调用"阵列"命令。

- 执行"修改"→"阵列"命令的子命令，如图 4-12 所示。
- 在"默认"选项卡"修改"面板中单击"阵列"的下拉菜单按钮，选择阵列方式，如图 4-13 所示。
- 在命令行输入 AR 命令并按回车键。

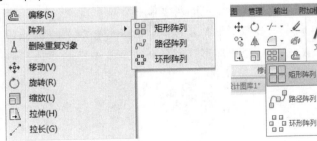

图 4-12 菜单栏命令　　图 4-13 功能区命令按钮

1. 矩形阵列

矩形阵列是指图形呈矩形结构阵列，执行"矩形阵列"命令后，命令行会出现相应的设置选项，下面对这些选项的含义进行介绍。

- 关联：指定阵列中的对象是关联的还是独立的。
- 基点：指定需要阵列基点和夹点的位置。

- 计数：指定行数和列数，并可以动态观察变化。
- 间距：指定行间距和列间距并在使用移动光标时可以动态观察结果。
- 列数：编辑列数和列间距。"列数"指定阵列中图形的列数，"列间距"指定每列之间的距离。
- 行数：指定阵列中的行、行间距和行之间的增量标高。"行数"指定阵列中图形的行数，"行间距"指定各行之间的距离，"总计"指定起点和端点行数之间的总距离，"增量标高"用于设置每个后续行的增大或减少。

- 层数：指定阵列图形的层数和层间距，"层数"用于指定阵列中的层数，"层间距"用于 Z 坐标值中指定每个对象等效位置之间的差值，"总计"在 Z 坐标值中指定第一个和最后一个层中对象等效位置之间的总差值。
- 退出：退出阵列操作。如图 4-14 所示为矩形阵列。

图 4-14   矩形阵列

知识拓展

在矩形阵列过程中,如果希望阵列的图形往相反的方向复制时,则需在列间距或行间距前面加"–"符号。

2. 环形阵列

环形阵列是指图形呈环形结构阵列。环形阵列需要指定有关参数，在执行"环形阵列"后，命令行会显示关于环形阵列的选项，下面对这些选项的含义进行介绍。

- 中心点：指定环形阵列的围绕点。
- 旋转轴：指定由两个点定义的自定义旋转轴。
- 项目：指定阵列图形的数值。
- 项目间角度：阵列图形对象和表达式指定项目之间的角度。
- 填充角度：指定阵列中第一个和最后一个图形之间的角度。
- 旋转项目：控制是否旋转图形本身。
- 退出：退出环形阵列命令，如图 4-15 所示为环形阵列。

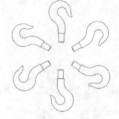

图 4-15   环形阵列

3. 路径阵列

路径阵列是图形根据指定的路径进行阵列，路径可以是曲线、弧线、折线等线段。执行"路径阵列"后，命令行会显示关于路径阵列的相关选项。下面对这些选项的含义进行介绍。

- 路径曲线：指定用于阵列的路径对象。
- 方法：指定阵列的方法，包括定数等分和定距等分两种。
- 切向：指定阵列的图形如何相对于路径的起始方向对齐。
- 项目：指定图形数和图形对象之间的距离。"沿路径项目数"用于指定阵列图形数，"沿路径项目之间的距离"用于指定阵列图形之间的距离。

- 对齐项目：控制阵列图形是否与路径对齐。
- Z 方向：控制图形是否保持原始 Z 方向或沿三维路径自然倾斜。

实战——绘制齿轮图形

下面利用"阵列""镜像"等命令绘制一个齿轮的平面图形。通过学习本案例，读者能够熟练掌握在 AutoCAD 中如何使用"阵列""镜像"等命令绘制图形，操作步骤如下。

Step 01 在"默认"选项卡的"图层"面板中，单击"图层特性"按钮，打开"图层特性管理器"面板，单击"新建图层"按钮，创建"中心线"图层，并设置其特性，如图 4-16 所示。

Step 02 继续执行当前操作，创建"轮廓线"等图层并设置其特性，将"中心线"图层置为当前图层，如图 4-17 所示。

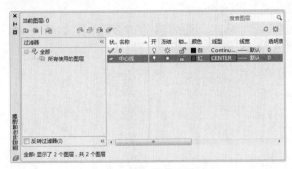

图 4-16　创建图层

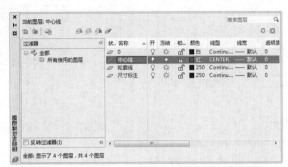

图 4-17　创建其余图层

Step 03 执行"绘图"→"直线"命令，绘制两条相互垂直的中心线，并设置线型比例为 0.05，如图 4-18 所示。

Step 04 执行"绘图"→"圆"命令，捕捉中心线的交点，依次绘制半径为 60mm、100mm、120mm、140mm、150mm 的同心圆，如图 4-19 所示。

Step 05 执行"绘图"→"直线"命令，捕捉中心线绘制长 150mm 的直线，如图 4-20 所示。

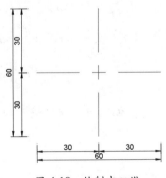

图 4-18　绘制中心线

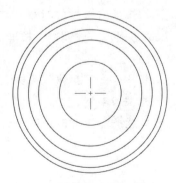

图 4-19　绘制同心圆

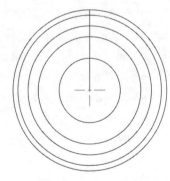

图 4-20　绘制直线

Step 06 执行"修改"→"偏移"命令，将线段向左右两侧各偏移 6mm 和 12mm，如图 4-21 所示。

Step 07 执行"绘图"→"多段线"命令，绘制一条多段线，如图 4-22 所示。

Step 08 删除多余的线段。执行"修改"→"阵列"→"环形阵列"命令，选择阵列对象，如图 4-23 所示。

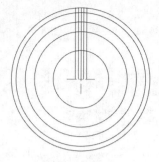

图 4-21 偏移线段

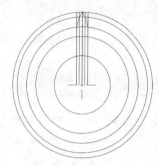

图 4-22 绘制多段线

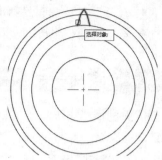

图 4-23 选择对象

Step 09 根据命令行提示指定阵列的中心点，并设置项目数为 18，其余参数保持不变，如图 4-24 所示。

Step 10 执行"修改"→"修剪"命令，修剪掉多余的线段，如图 4-25 所示。

Step 11 执行"标注"→"线性"命令，对齿轮图形进行尺寸标注，完成齿轮图形的绘制，如图 4-26 所示。

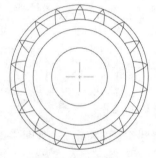

图 4-24 环形阵列

图 4-25 修剪多余线段

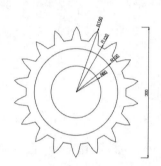

图 4-26 完成绘制

4.1.7 拉伸图形

拉伸图形是通过窗选或者多边形框选的方式拉伸对象，某些图形对象类型（例如圆、椭圆和块）无法进行拉伸操作。用户可以通过以下方式调用"拉伸"命令。

● 执行"修改"→"拉伸"命令。

● 在"默认"选项卡"修改"面板中单击"拉伸"按钮。

● 在命令行输入 STRETCH 命令并按回车键。

执行"拉伸"命令后，从右至左框选图形拉伸的边或图形，指定好拉伸基点，将其移动拉伸至合适位置单击鼠标左键即可。

命令行的提示如下：

```
命令：_stretch
以交叉窗口或交叉多边形选择要拉伸的对象...
选择对象：指定对角点：找到 1 个
选择对象：
指定基点或 [位移(D)] <位移>：
指定第二个点或 <使用第一个点作为位移>：
```

通过移动选择的夹点，可以将对象拉伸或移动到新的位置。因为对于某些夹点，移动时只能移动对象而不能拉伸，如文字、块、直线中点、圆心的夹点。

4.1.8 缩放图形

在绘图过程中常常会遇到图形比例不合适的情况，这时就可以利用缩放工具。缩放图形对象可以将图形对象相对于基点进行缩放，同时也可以进行多次复制。用户可以通过以下方式调用"缩放"命令。

- 执行"修改"→"缩放"命令。
- 单击"默认"选项卡"修改"面板中的"缩放"按钮 ▢。
- 在命令行输入 SCALE 命令并按回车键。

执行"缩放"命令后，选择图形，按回车键，指定缩放基点，输入缩放比例值，按回车键即可。

命令行提示如下：

```
命令：SCALE
选择对象：指定对角点：找到 1 个
选择对象：
指定基点：
指定比例因子或 [复制(C)/参照(R)]：1.5
```

当确定了缩放的比例值后，系统会按指定的基点进行缩放操作，默认比例值为1。若比例值大于1，则该图形会放大显示；若比例值大于0、小于1，则会缩小图形。输入的比例值必须是自然数。

4.1.9 倒角和圆角

倒角和圆角可以修饰图形，对于两条相邻的边界多出的线段，使用倒角和圆角都可以进行修剪。倒角是对图形的相邻的两条边进行修饰，圆角则是根据指定圆弧半径来进行倒角。如图 4-27 和图 4-28 所示分别为倒角和圆角操作后的效果。

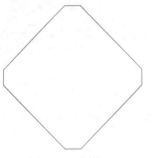

图 4-27 倒角图形

图 4-28 圆角图形

1. 倒角

执行"倒角"命令可以将绘制的图形进行倒角，也可以修剪多余的线段，还可以设置图形中两条边的倒角距离和角度。

用户可以通过以下方式调用"倒角"命令。

- 执行"修改"→"倒角"命令。
- 在"默认"选项卡"修改"面板中单击"倒角"按钮⌒·。
- 在命令行输入 CHAMFER 命令并按回车键。

执行"倒角"命令后，先设置好两个倒角距离值，然后按回车键，选择两条倒角边即可。

命令行提示如下：

```
命令：_chamfer
("修剪"模式) 当前倒角距离 1 = 0.0000，距离 2 = 0.0000
选择第一条直线或 [放弃(U)/多段线(P)/距离(D)/角度(A)/修剪(T)/方式(E)/多个(M)]：
```

下面具体介绍命令行中各选项的含义。

- 放弃：取消"倒角"命令。
- 多段线：根据设置的倒角大小对多段线进行倒角。
- 距离：设置倒角尺寸距离。
- 角度：根据第一个倒角尺寸和角度设置倒角尺寸。
- 修剪：修剪多余的线段。
- 方式：设置倒角的方法。
- 多个：可对多个对象进行倒角。

2. 圆角

圆角是指通过指定的圆弧半径大小，将多边形的边界棱角部分光滑连接起来。圆角是倒角的一部分表现形式。

用户可以通过以下方式调用"圆角"命令。

- 执行"修改"→"圆角"命令。
- 在"默认"选项卡"修改"面板中单击"圆角"按钮⌒·。
- 在命令行输入 FILLET 命令并按回车键。

执行"圆角"命令后，先设置圆角半径大小，然后再选择两条圆角边即可。命令行提示如下：

```
命令：_fillet
当前设置：模式 = 修剪，半径 = 0.0000
选择第一个对象或 [放弃(U)/多段线(P)/半径(R)/修剪(T)/多个(M)]：
```

📖 绘图技巧

重复"圆角"和"倒角"命令之后，设置选项无须重新设置，直接选择圆角、倒角对象即可，系统默认用上一次的参数修改图形。

4.1.10　修剪图形

"修剪"命令是将某一对象为剪切边修剪其他对象。用户可以通过以下方式调用"修剪"命令。

● 执行"修改"→"修剪"命令。

● 在"默认"选项卡中单击"修改"面板的下拉按钮，在弹出的列表中单击"修剪"按钮 -/--。

● 在命令行输入 TRIM 命令并按回车键。

执行"修剪"命令后，先选择图形剪切边，然后按回车键，再选择要修剪的图形即可。

命令行提示如下：

```
命令：_trim
当前设置：投影=UCS，边=无
选择剪切边...
选择对象或 <全部选择>： 找到 1 个
选择对象：
选择要修剪的对象，或按住 Shift 键选择要延伸的对象，或
[栏选(F)/窗交(C)/投影(P)/边(E)/删除(R)/放弃(U)]：
选择要修剪的对象，或按住 Shift 键选择要延伸的对象，或
[栏选(F)/窗交(C)/投影(P)/边(E)/删除(R)/放弃(U)]：
```

知识拓展

用户在命令行输入 TRTM 命令时，按两次回车键，选中所需要删除的线段，即可完成修剪操作。

实战——绘制操作杆图形

下面利用"修剪""圆角"命令绘制一个操作杆图形的平面图形。通过学习本案例，读者能够熟练掌握在 AutoCAD 中如何使用"修剪""圆角"命令绘制图形，操作步骤如下。

Step 01　在"默认"选项卡的"图层"面板中，单击"图层特性"按钮，打开"图层特性管理器"面板，单击"新建图层"按钮，创建"中心线"图层，并设置其特性，如图 4-29 所示。

Step 02　继续创建"轮廓线"等图层并设置其特性，将"中心线"图层置为当前图层，如图 4-30 所示。

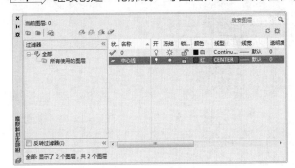

图 4-29　创建图层

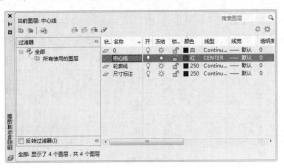

图 4-30　创建其余图层

Step 03 执行"绘图"→"直线"命令，绘制中心线，如图 4-31 所示。

Step 04 执行"修改"→"偏移"命令，将中心线进行偏移，如图 4-32 所示。

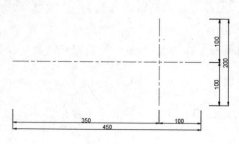

图 4-31 绘制中心线

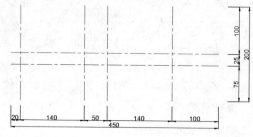

图 4-32 偏移中心线

Step 05 执行"绘图"→"圆"命令，绘制半径为 50mm、60mm、70mm、80mm 和 90mm 的同心圆，如图 4-33 所示。

Step 06 在半径为 70mm 的圆上绘制两组半径为 10mm 和 20mm 的同心圆，如图 4-34 所示。

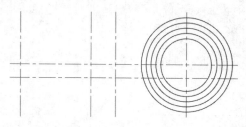

图 4-33 绘制同心圆

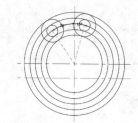

图 4-34 绘制同心圆

Step 07 执行"修改"→"修剪"命令，修剪掉多余的线段，如图 4-35 所示。

Step 08 执行"绘图"→"圆"命令，绘制半径为 12mm、15mm 和 30mm 的圆，如图 4-36 所示。

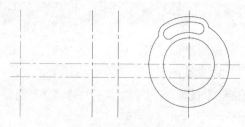

图 4-35 修剪多余线段

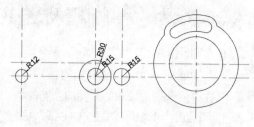

图 4-36 绘制圆

Step 09 执行"绘图"→"直线"命令，绘制直线，如图 4-37 所示。

Step 10 执行"修改"→"修剪"命令，修剪掉多余的线段，如图 4-38 所示。

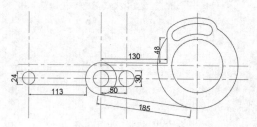

图 4-37 绘制直线

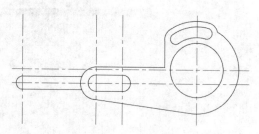

图 4-38 修剪多余线段

Step 11 执行"修改"→"圆角"命令，设置圆角半径为 35mm，对线段进行圆角操作，如图 4-39 所示。

Step 12 关闭"中心线"图层，执行"标注"→"线性"命令，对操作杆进行尺寸标注，完成操作杆的绘制，如图 4-40 所示。

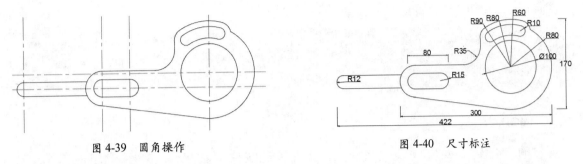

图 4-39　圆角操作　　　　　　　　　　图 4-40　尺寸标注

4.1.11　延伸图形

"延伸"命令可以将指定的图形延伸到指定的边界。用户可以通过以下方式调用"延伸"命令。

● 执行"修改"→"延伸"命令。

● 在"默认"选项卡"修改"面板中单击"延伸"按钮 --/ ▾。

● 在命令行输入 EXTEND 命令并按回车键。

执行"延伸"命令后，先选择要延伸到的边界线，然后按回车键，再选择需要延伸的线段即可。

4.1.12　打断图形

很多复杂的图形都需要进行打断操作。打断图形是指将图形剪切并删除。用户可以通过以下方式调用"打断"命令。

● 执行"修改"→"打断"命令。

● 在"默认"选项卡中单击"修改"面板的下拉按钮，在弹出的列表中单击"打断"按钮 ▢ 。

● 在命令行输入 BREAK 命令并按回车键。

执行"打断"命令后，在需打断的线段中，指定好两个打断点即可。

命令行提示如下：

```
命令：_break
选择对象：
指定第二个打断点 或 [第一点(F)]：
```

4.1.13　分解图形

如果需要对一些组合图形进行编辑时，就需要将组合图形先分解。用户可以通过以下方式调用"分解"命令。

● 执行"修改"→"分解"命令。

● 在"默认"选项卡中单击"修改"面板的下拉按钮，在弹出的列表中单击"分解"按钮仿。

● 在命令行输入 EXPLODE 命令并按回车键。

执行"分解"命令后，选择要分解的图形，按回车键即可进行分解操作。

命令行提示如下：

```
命令：_explode
选择对象:找到一个
选择对象:
```

知识拓展

"分解"命令不仅可以分解图块，还可以分解尺寸标注、填充区域、多段线等复合图形对象。

4.1.14　删除图形

删除图形是图形编辑操作中最基本的操作。用户可以通过以下方式调用"删除"命令。

● 执行"修改"→"删除"命令。

● 在"默认"选项卡"修改"面板中单击"删除"按钮✐。

● 在命令行输入 ERASE 命令并按回车键。

绘图技巧

选择要删除的对象后按回车键，也可以将对象删除。

4.2　编辑复杂图形

使用 AutoCAD 不仅可以对一些简单的图形进行编辑，还可以对一些复杂的图形进行编辑。例如多段线或样条曲线组成的图形。下面将介绍如何对多段线以及样条曲线进行编辑的操作。

4.2.1　编辑多段线

编辑多段线的方式有很多种，其中包括闭合、合并、线宽以及通过移动、添加或删除单个顶点，来编辑多段线。用户只需双击要编辑的多段线，然后根据命令行提示进行操作即可。用户可以通过以下方式调用编辑多段线命令。

● 执行"修改"→"对象"→"多段线"命令。

● 在"默认"选项卡"修改"面板中单击下拉按钮 修改 ▼，在弹出的列表中单击"编辑多段线"按钮✐。

● 在命令行输入 PEDIT 命令并按回车键。

执行编辑多段线命令后，命令行提示如下：

```
命令: _pedit
选择多段线或 [多条(M)]:
输入选项 [打开(O)/合并(J)/宽度(W)/编辑顶点(E)/拟合(F)/样条曲线(S)/非曲线化(D)/线型生成
(L)/反转(R)/放弃(U)]:
```

下面将对命令行中编辑多段线选项的含义进行介绍。

● 打开：将合并的多段线进行打开操作，若选择的样条曲线不是封闭的图形，则是"闭合"选项。

● 合并：将在线段上的两条或多条直线、圆弧或多段线合并成一条多段线。

● 宽度：设置多段线的宽度。

● 编辑顶点：用于提供一组子选项，用户能够编辑顶点和与顶点相邻的线段。

● 样条曲线：将多段线转换为样条曲线。

● 非曲线化：将样条曲线转换为多段线。

● 反转：改变多段线的方向。

● 放弃：取消上一次的编辑操作。

4.2.2 编辑样条曲线

样条曲线是经过或接近影响曲线形状的一系列点的平滑曲线。创建样条曲线后，可以增加、删除样条曲线上的控制点，还可以打开或者闭合路径。用户可以通过以下方式调用编辑样条曲线命令。

图 4-41 快捷菜单

● 执行"修改"→"对象"→"样条曲线"命令。

● 在"默认"选项卡"修改"面板中单击下拉按钮 修改 ▼，在弹出的列表中单击"编辑样条曲线"按钮 。

● 在命令行输入 SPLINEDIT 命令并按回车键。

执行编辑样条曲线命令，选择样条曲线后，会出现如图 4-41 所示的快捷菜单。下面具体介绍各选项的含义。

● 闭合：将未闭合的图形进行闭合操作。如果选中的样条曲线为闭合，则"闭合"选项变为"打开"。

● 合并：将在线段上的两条或多条样条线合并成一条样条线。

● 拟合数据：对样条曲线的拟合点、起点以及端点进行拟合编辑。

● 编辑顶点："提升阶数"是控制样条曲线的阶数，阶数越高，控制点越高，根据提示，可输入需要的阶数。"权值"是改变控制点的权重。

● 转换为多段线：将样条曲线转换为多段线。

● 反转：改变样条曲线的方向。

● 放弃：取消上一次的编辑操作。

● 退出：退出编辑样条曲线。

知识拓展

创建样条曲线后，可对当前曲线进行编辑。选择该曲线，将光标移至线条控制点上，系统会自动打开快捷菜单，用户可根据需要，选择相关命令进行编辑操作。

4.3 图形图案的填充

为了使绘制的图形更加丰富多彩，用户需要对封闭的图形进行图案填充。比如绘制机械剖面图需要对图形进行图案填充。下面将对相关知识进行详细介绍。

4.3.1 图案填充

图案填充是一种使用图形图案对指定的图形区域进行填充的操作。用户可以通过以下方式调用图案填充命令。

● 执行"绘图"→"图案填充"命令。
● 在"默认"选项卡"修改"面板中单击下拉按钮 修改 ▼，在弹出的列表中单击"编辑图案填充"按钮。
● 在命令行输入 H 命令并按回车键。

在进行图案填充前，首先需要进行设置，用户既可以通过"图案填充创建"选项卡进行设置，如图 4-42 所示，也可以在"图案填充和渐变色"对话框中进行设置。

图 4-42 "图案填充创建"选项卡

用户可以使用以下方式打开"图案填充和渐变色"对话框，如图 4-43 所示。

● 执行"绘图"→"图案填充"命令。打开"图案填充创建"选项卡。在"选项"面板中单击"图案填充设置"按钮。
● 在命令行输入 H 命令并按回车键，再输入 T 命令。

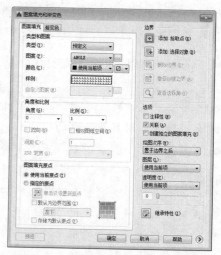

图 4-43 "图案填充和渐变色"对话框

1. 类型和图案

该选项组主要用于设置图案类型、选择图案以及设置颜色等。

（1）类型

类型中包括3个选项，若选择"预定义"选项时，则可以使用系统的填充图案；若选择"用户定义"选项，则需要定义由一组平行线或者相互垂直的两组平行线组成的图案；若选择"自定义"时，则可以使用事先自定义好的图案。

（2）图案

单击"图案"下拉按钮，即可选择图案名称，如图 4-44 所示。用户也可以单击"图案"右侧的 按钮，在"填充图案选项板"对话框预览填充图案，如图 4-45 所示。

（3）颜色

在"类型和图案"选项组"颜色"下拉列表中指定颜色，如图 4-46 所示。若列表中并没有需要的颜色，可以选择"选择颜色"选项，打开"选择颜色"对话框，选择颜色，如图 4-47 所示。

图 4-44 选择名称

图 4-45 预览图案

图 4-46 设置颜色

（4）样例

在"样例"选项中同样可以设置填充图案。单击"样例"选项框，如图 4-48 所示，弹出"填充图案选项板"对话框，从中选择需要的图案，单击"确定"按钮即可完成操作，如图 4-49 所示。

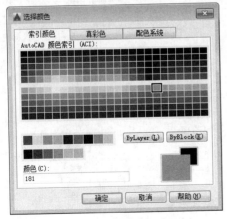
图 4-47 "选择颜色"对话框

图 4-48 "样例"选项框

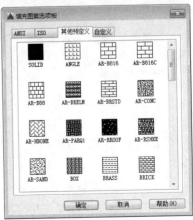
图 4-49 选择图案

2. 角度和比例

角度和比例用于设置图案的角度和比例，该选项组可以通过两种方法进行设置。

（1）设置角度和比例

当图案类型为"预定义"选项时，角度和比例是激活状态，"角度"是指填充图案的角度，"比例"是指填充图案的比例。在选项框中输入相应的数值，就可以设置线型的角度和比例，如图 4-50、图 4-51 所示为设置不同的角度和比例后的效果。

图 4-50　比例为 1、角度为 0

图 4-51　比例为 0.6、角度为 45

（2）设置角度和间距

当图案类型为"用户定义"选项时，"角度"和"间距"列表框属于激活状态，用户可以设置角度和间距，如图 4-52 所示。

当勾选"双向"复选框时，平行的填充图案就会更改为互相垂直的两组平行线填充图案，如图 4-53、图 4-54 所示为勾选"双向"前后的效果。

图 4-52　角度和间距

图 4-53　间距为 100

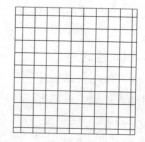

图 4-54　间距为 100 并勾选"双向"

3. 图案填充原点

许多图案填充需要对齐填充边界上的某一点。在"图案填充原点"选项组中就可以设置图案填充原点的位置。设置原点位置包括"使用当前原点"和"指定的原点"两个选项，如图 4-55 所示。

（1）使用当前原点

选择该选项，可以使用当前 UCS 的原点（0，0）作为图案填充的原点。

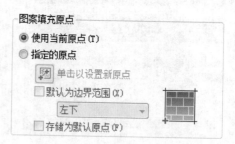

图 4-55　"图案填充原点"选项组

（2）指定的原点

选择该选项，可以自定义原点位置，通过指定一点位置作为图案填充的原点。

● "单击以设置新原点"：可以在绘图区指定一点作为图案填充的原点。

● "默认为边界范围"：可以以填充边界的左上角、右上角、左下角、右下角和圆心作为原点。

● "存储为默认原点"：可以将指定的原点存储为默认的填充图案原点。

> **绘图技巧**
>
> 在"图案填充创建"选项卡下，单击"特性"面板中的"图案填充比例"按钮，可设置图案填充的显示比例，通过"图案填充角度"可设置图形的填充角度。

4. 边界

该选项组主要用于选择填充图案的边界，也可以进行删除边界、重新创建边界等操作。

● 添加：拾取点：将拾取点任意放置在填充区域上，就会预览填充效果，如图 4-56 所示，单击鼠标左键，即可完成图案填充。

● 添加：选择对象：根据选择的边界填充图形，随着选择的边界增加，填充的图案面积也会增加，如图 4-57 所示；若选择的边界不是封闭状态，则会显示错误提示信息，如图 4-58 所示。

● 删除边界：在利用拾取点或者选择对象定义边界后，单击"删除边界"按钮，可以取消系统自动选取或用户选取的边界，形成新的填充区域。

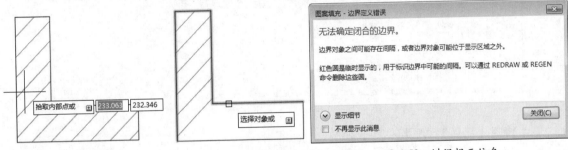

图 4-56 预览填充图案　　图 4-57 选择边界效果　　图 4-58 错误提示信息

5. 选项

该选项组用于设置图案填充的一些附属功能，其中包括注释性、关联、创建独立的图案填充、绘图次序和继承特性等功能，如图 4-59 所示。

下面将对常用选项的含义进行介绍。

● 注释性：将图案填充为注释性。此特性会自动完成缩放注释过程，从而使注释能够以正确的大小在图纸上打印或显示。

● 关联：在未勾选"注释性"复选框时，关联处于激活状态，关联图案填充随边界的更改自动更新，而非关联的图案填充则不会随边界的更改而自动更新。

图 4-59 "选项"选项组

- 创建独立的图案填充：它不随边界的修改而修改图案填充。
- 绘图次序：该选项用于指定图案填充的绘图次序。
- 继承特性：将现有图案填充的特性应用到其他图案填充上。

6. 孤岛

孤岛是指定义好的填充区域内的封闭区域。在"图案填充和渐变色"对话框的右下角单击"更多选项"按钮⊙，即可打开更多选项界面，如图 4-60 所示。

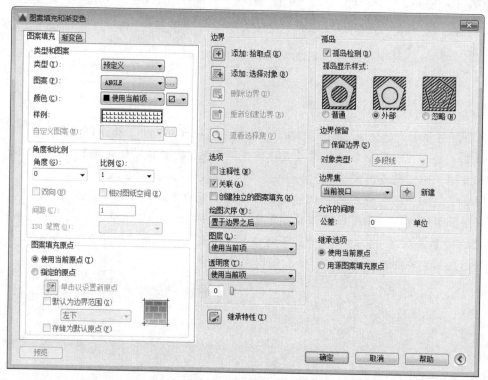

图 4-60　更多选项界面

下面将对"孤岛"选项组中各选项的含义进行介绍。

- 孤岛显示样式："普通"是指从外部向内部填充，如果遇到内部孤岛，就断开填充，直到遇到另一个孤岛后，再进行填充，如图 4-61 所示。"外部"是指遇到孤岛后断开填充图案，不再继续向里填充，如图 4-62 所示。"忽略"是指系统忽略孤岛对象，所有内部结构都将被填充图案覆盖，如图 4-63 所示。

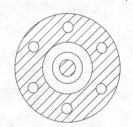
图 4-61　"普通"填充效果

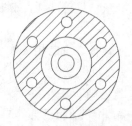
图 4-62　"外部"填充效果

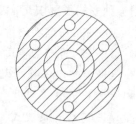
图 4-63　"忽略"填充效果

- 边界保留：勾选"保留边界"复选框，将保留填充的边界。

- 边界集：用来定义填充边界的对象集。默认情况下，系统根据当前视口确定填充边界。
- 允许的间隙：在公差中设置允许的间隙大小，默认值为 0，这时对象是完整封闭的区域。
- 继承选项：指用户在使用继承特性填充图案时是否继承图案填充原点。

4.3.2 渐变色填充

渐变色填充是使用渐变颜色对指定的图形区域进行填充的操作，可创建单色或者双色渐变色。渐变色填充的"图案填充创建"选项卡如图 4-64 所示，用户可在该选项卡中进行相关设置。

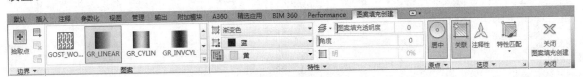

图 4-64   "图案填充创建"选项卡

在命令行输入 H 命令并按回车键，再输入 T，打开"图案填充和渐变色"对话框，切换到"渐变色"选项卡，如图 4-65、图 4-66 所示分别为单色渐变色的设置面板和双色渐变色的设置面板。下面将对"渐变色"选项卡中各选项的含义进行介绍。

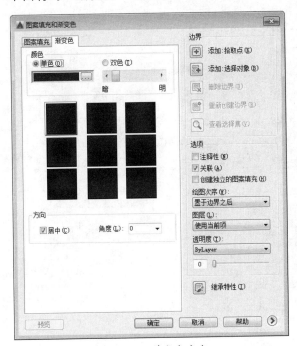

图 4-65   单色渐变色

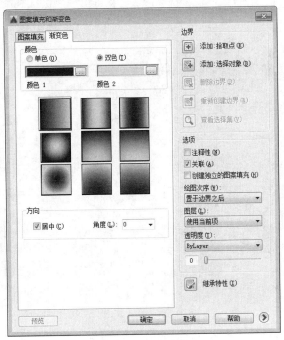

图 4-66   双色渐变色

- 单色/双色：两个单选按钮用于确定是以一种颜色填充还是以两种颜色填充。
- 明暗滑块：拖动滑块可调整单色渐变色的搭配颜色的显示。
- 图像按钮：9 个图像按钮用于确定渐变色的显示方式。
- 居中：指定对称的渐变配置。
- 角度：渐变色填充时的旋转角度。

实战——绘制法兰盘剖面图形

下面利用"图案填充""镜像"命令绘制一个法兰盘剖面图形的平面图形。通过学习本案例，读者能够熟练掌握在 AutoCAD 中如何使用"图案填充""镜像"命令绘制图形，操作步骤如下。

Step 01 在"默认"选项卡的"图层"面板中，单击"图层特性"按钮，打开"图层特性管理器"面板，单击"新建图层"按钮，创建"中心线"图层，并设置其特性，如图 4-67 所示。

Step 02 继续执行当前操作，创建"轮廓线"等图层并设置其特性，将"中心线"图层置为当前图层，如图 4-68 所示。

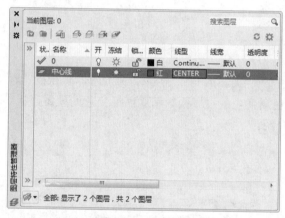

图 4-67　创建图层

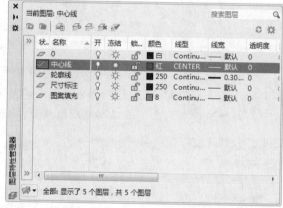

图 4-68　创建其他图层

Step 03 执行"绘图"→"直线"命令，绘制一个长 43mm、宽 29mm 的矩形，如图 4-69 所示。

Step 04 执行"修改"→"偏移"命令，将矩形边线向内进行偏移，如图 4-70 所示。

Step 05 执行"修改"→"修剪"命令，修剪多余的线段，如图 4-71 所示。

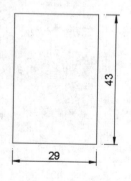

图 4-69　绘制矩形

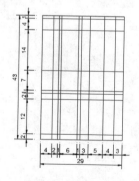

图 4-70　偏移线段

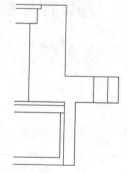

图 4-71　修剪图形

Step 06 执行"绘制"→"直线"命令，绘制斜线段，如图 4-72 所示。

Step 07 执行"修改"→"修剪"命令，修剪掉多余的线段，如图 4-73 所示。

Step 08 设置"中心线"图层为当前层，绘制中心线，设置线型比例为 0.1，如图 4-74 所示。

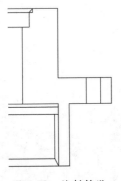

图 4-72　绘制斜线

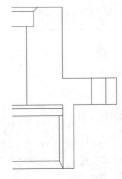

图 4-73　修剪图形

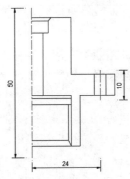

图 4-74　绘制中心线

Step 09 执行"修改"→"镜像"命令，根据命令行提示，选择镜像对象，如图 4-75 所示。

Step 10 根据命令行提示，选择镜像第一点和第二点，如图 4-76 所示。

Step 11 根据命令行提示，选择是否删除源对象，这里保留源对象，完成镜像复制操作，如图 4-77 所示。

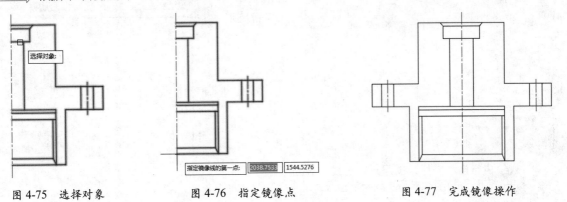

图 4-75　选择对象　　　　　　图 4-76　指定镜像点　　　　　　图 4-77　完成镜像操作

Step 12 执行"绘图"→"图案填充"命令，设置图案名为 ANSI31，填充剖面区域，如图 4-78 所示。

Step 13 执行"标注"→"线性"命令，对法兰盘剖面图进行尺寸标注，完成法兰盘剖面图的绘制，如图 4-79 所示。

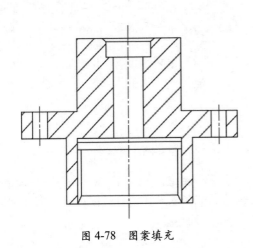

图 4-78　图案填充

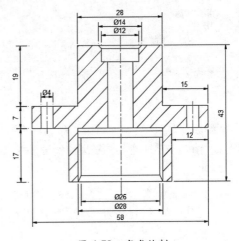

图 4-79　完成绘制

综合演练——绘制链轮零件图形

实例路径：实例 /CH04/ 综合演练 / 绘制链轮零件图形 .dwg

视频路径：视频 /CH04/ 绘制链轮零件图形 .avi

为了更好地掌握本章所学习的知识，下面将介绍链轮零件的绘制。使用的知识包括"圆""阵列"等编辑命令。

Step 01 在"默认"选项卡的"图层"面板中单击"图层特性"按钮，打开"图层特性管理器"面板，单击"新建图层"按钮创建"中心线"图层，并设置其特性，如图 4-80 所示。

图 4-80　创建图层

Step 02 继续执行当前操作，创建"轮廓线"等图层并设置其特性，将"中心线"图层置为当前图层，如图 4-81 所示。

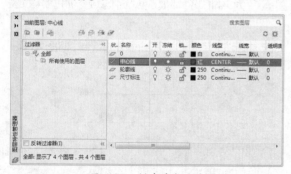

图 4-81　创建其余图层

Step 03 执行"绘图"→"直线"命令，绘制两条长 220mm 相交的中心线，线型比例设置为 0.5，如图 4-82 所示。

Step 04 执行"绘图"→"圆"命令，绘制半径为 20mm、60mm、90mm 和 100mm 的同心圆，如图 4-83 所示。

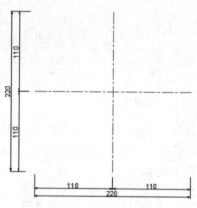

图 4-82　绘制中心线

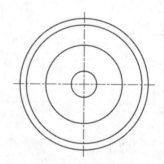

图 4-83　绘制同心圆

Step 05 执行"绘图"→"圆"命令，绘制半径为 3mm 的圆，如图 4-84 所示。

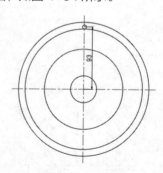

图 4-84　绘制圆

Step 06 执行"绘图"→"直线"命令，沿垂直中心线绘制一条长 110mm 的线段，如图 4-85 所示。

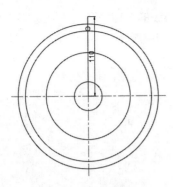

图 4-85　绘制线段

Step 07 执行"修改"→"偏移"命令，将线段左右各偏移 6mm，如图 4-86 所示。

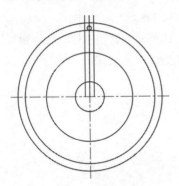

图 4-86　偏移直线

Step 08 执行"绘图"→"多段线"命令，根据命令行提示指定起点，如图 4-87 所示。

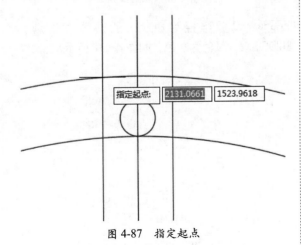

图 4-87　指定起点

Step 09 根据命令行提示再指定下一点，如图 4-88 所示。

Step 10 输入命令 A 绘制圆弧，如图 4-89 所示。

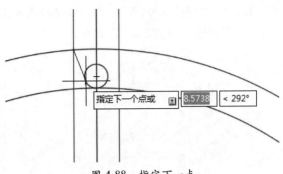

图 4-88　指定下一点

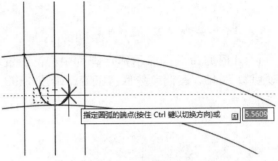

图 4-89　绘制圆弧

Step 11 再输入 L，指定下一点，完成多段线的绘制，如图 4-90 所示。

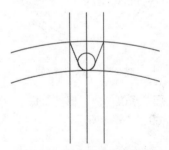

图 4-90　完成多段线的绘制

Step 12 删除掉多余的图形，如图 4-91 所示。

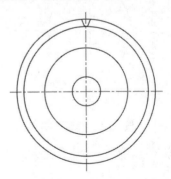

图 4-91　删除多余图形

Step 13 > 执行"修改"→"阵列"→"环形阵列"命令，选择刚绘制的图形，如图 4-92 所示。

与垂直中心线的交点为圆心，绘制半径为 19mm 的圆，如图 4-95 所示。

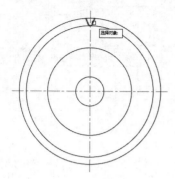

图 4-92 选择对象

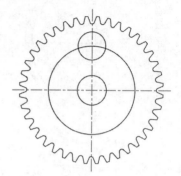

图 4-95 绘制圆

Step 14 > 根据命令行提示指定阵列中心，设置项目数为 40，其他参数保持不变，如图 4-93 所示。

Step 17 > 执行"修改"→"阵列→"环形阵列"命令，选择半径 19mm 的圆图形作为阵列对象，设置项目数 6，如图 4-96 所示。

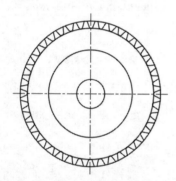

图 4-93 环形阵列

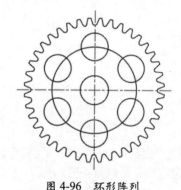

图 4-96 环形阵列

Step 15 > 执行"修改"→"修剪"命令，修剪掉多余的线段，如图 4-94 所示。

Step 18 > 设置半径为 60mm 的圆图形线型为 HIDDEN，颜色为灰色，如图 4-97 所示。

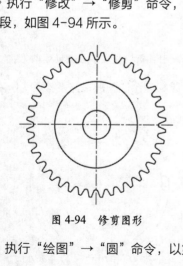

图 4-94 修剪图形

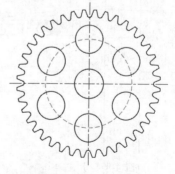

图 4-97 设置线型

Step 16 > 执行"绘图"→"圆"命令，以第 2 个圆

Step 19 > 执行"绘图"→"直线"命令，绘制长

9mm、宽 7mm 的矩形，如图 4-98 所示。

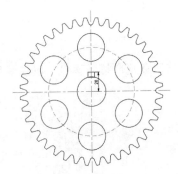

图 4-98　绘制矩形图形

Step 20 执行"修改"→"修剪"命令，修剪掉多余的线段，如图 4-99 所示。

Step 21 执行"标注"→"线性"命令，对链轮图形进行尺寸标注，完成链轮图形的绘制，如图 4-100 所示。

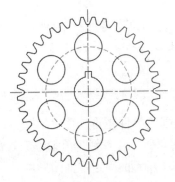

图 4-99　修剪图形

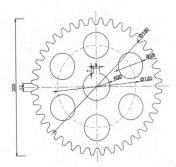

图 4-100　完成绘制

上机操作

为了让读者能够更好地掌握本章所学的知识，在本小节列举几个拓展案例，以供读者练习。

1. 绘制固体零件图形

利用"圆""直线""偏移"等命令绘制如图 4-101 所示的固定零件图形。

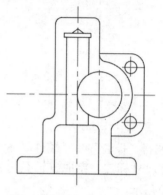

图 4-101　绘制固体零件图形

⚠ 操作提示：

Step 01 执行"圆""直线""偏移""圆角"等命令绘制固定零件的轮廓。

Step 02 执行"修剪""圆""直线"命令，绘制内部结构，并修剪掉多余的线段。

2. 绘制齿轮剖面图形

绘制如图 4-102 所示的齿轮剖面图形。

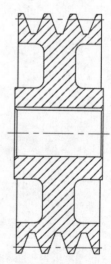

图 4-102　绘制齿轮剖面图形

⚠ 操作提示：

Step 01 利用"直线""偏移""修剪""圆角"等命令绘制齿轮剖面图形的轮廓。

Step 02 利用"镜像""图案填充"命令，镜像复制图形，并填充图案。

第**5**章

图块在机械制图中的应用

本章将介绍图块、外部参照及设计中心的使用。在绘制图形时，图块的操作主要是创建块、插入块、存储块。用户可以将经常使用的图形定义为图块，根据需要为块创建属性，指定名称等信息，在需要时直接插入图块，从而提高绘图效率，并节省大量内存空间。通过本章的学习，使用户可以快速地绘制图形。

知识要点

▲ 图块的应用

▲ 图块属性的编辑

▲ 外部参照的使用

▲ 设计中心的应用

5.1 图块的应用

图块是由一个或多个对象组成的图形对象集合。在绘制图形时，如果图形中有大量相同或相似的图形，或者所绘制的图形与已有的图形文件相同，则可以将重复绘制的图形创建成块，并根据需要创建属性，指定块的名称、用途及设计者等信息，在需要时可以直接插入，节省绘图时间，提高工作效率。

5.1.1 创建图块

除了可调用现有的图块之外，也可根据需要创建图块。创建块就是将已有的图形对象定义为图块。图块分为内部图块和外部图块两种，内部块是跟随定义的文件一起保存的，存储在图形文件内部，只可以在存储的文件中使用，其他文件不能调用。

用户可以通过以下方式创建块。

● 执行"绘图"→"块"→"创建"命令。

● 在"插入"选项卡"块定义"面板中单击"创建"按钮🔲。

● 在命令行输入 B 命令并按回车键。

执行以上任意一种方法均可以打开"块定义"对话框，如图 5-1 所示。

图 5-1 "块定义"对话框

其中，"块定义"对话框中各选项的含义介绍如下。

- 名称：用于设置块的名称。
- 基点：指定块的插入基点。用户可以输入坐标值定义基点，也可以单击"拾取点"定义插入基点。
- 对象：指定新块中的对象和设置创建块之后如何处理对象。
- 方式：指定插入后的图块是否具有注释性、是否按统一比例缩放和是否允许被分解。
- 在块编辑器中打开：当创建块后，打开块编辑器可以编辑块。
- 说明：指定图块的文字说明。

绘图技巧

机械设计中符号等图形都需要重复绘制很多遍，如果先将这些复杂的图形创建成块，然后在需要的地方进行插入，这样绘图的速度会大大提高。

实战——创建内部块

下面通过绘制创建垫片来介绍内部块创建操作。通过学习本案例，读者能够熟练掌握在 AutoCAD 中如何创建内部块，操作步骤如下。

Step 01 打开"垫片"素材文件，在"插入"选项卡的"块定义"面板中单击"创建块"按钮，打开"块定义"对话框，如图 5-2 所示。

图 5-2 打开"块定义"对话框

Step 02 单击"选择对象"按钮，在绘图区中选择垫片图形，如图 5-3 所示。

Step 03 按回车键，返回"块定义"对话框，再单击"拾取点"按钮，指定插入基点，如图 5-4 所示。

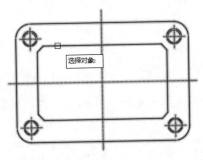

图 5-3　选择对象

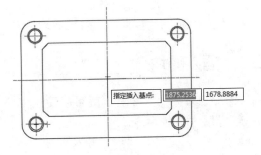

图 5-4　指定插入基点

Step 04 单击后返回"块定义"对话框，输入名称"垫片"，如图 5-5 所示。

Step 05 单击"确定"按钮，关闭对话框，完成图块的创建，然后选择绘图区中的垫片图形，即可预览创建图块的效果，如图 5-6 所示。

图 5-5　输入名称

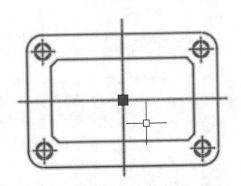

图 5-6　完成图块创建

5.1.2　存储图块

存储块是指将图形存储到本地磁盘中，用户可以根据需要将块插入到其他图形文件中。可以通过以下方式创建外部块。

● 在"默认"选项卡"块定义"面板中单击"写块"按钮。

● 在命令行输入 W 命令并按回车键。

执行以上任意一种方法即可打开"写块"对话框，如图 5-7 所示。其中各选项的含义介绍如下。

● 块：将创建好的块保存至本地磁盘。

● 整个图形：将全部图形保存为块。

图 5-7　"写块"对话框

● 对象：指定需要的图形保存磁盘的块对象。用户可以使用"基点"指定块的基点位置，使用"对象"选项组设置块和插入后如何处理对象。

● 目标：设置块的保存路径。

● 插入单位：设置插入后图块的单位。

5.1.3 插入图块

当图形被定义为块之后，就可以使用"块"命令将图块插入到当前图形中。用户可以通过以下方式调用插入块命令。

● 执行"插入"→"块"命令。

● 在"插入"选项卡"块"面板中单击"插入"按钮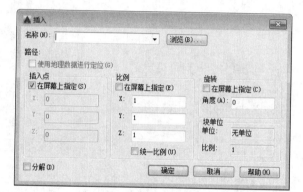

● 在命令行输入 I 命令并按回车键。

执行以上任意一种方法即可打开"插入"对话框，如图 5-8 所示。其中，各选项的含义介绍如下。

● 名称：用于选择插入块或图形的名称。

● 插入点：用于设置插入块的位置。

● 比例：用于设置块的比例。"统一比例"

图 5-8　"插入"对话框

复选框用于确定插入块在 X、Y、Z 这 3 个方向的插入块比例是否相同。若勾选该复选框，就只需要在 X 文本框中输入比例值。

● 旋转：用于设置插入图块的旋转度数。

● 块单位：用于设置插入块的单位。

● 分解：用于将插入的图块分解成组成块的各基本对象。

5.2　图块属性的编辑

在 AutoCAD 中除了可以创建普通的块，还可以创建带有附加信息的块，这些信息被称为属性。用户利用属性来跟踪类似于零件数量和价格等信息的数据，属性值可以是可变的，也可以是不可变的。在插入一个带属性的块时，AutoCAD 把固定的属性值随块添加到图形中，并提示哪些是可变的属性值。

5.2.1 创建与附着属性

文字对象等属性包含在块中，若要进行编辑和管理块，就要先创建块的属性，使属性和图形一起定义在块中，才能在后期进行编辑和管理。

用户可以通过以下方式创建与附着属性。

- 执行"绘图"→"块"→"定义属性"命令。
- 在"插入"选项卡"块定义"面板中单击"定义属性"按钮✎。
- 在命令行输入 ATTDEF 命令并按回车键。

执行以上任意一种方法均可以打开"属性定义"对话框，如图 5-9 所示。其中，"属性定义"
对话框中各选项的含义介绍如下。

- 不可见：用于确定插入块后是否显示其属性值。
- 固定：用于设置属性是否为固定值，为固定值时插入块后该属性值不再发生变化。
- 验证：用于验证所输入阻抗的属性值是否正确。
- 预设：用于确定是否将属性值直接预置成它的默认值。
- 标记：用于输入属性的标记。
- 提示：用于输入插入块时系统显示的提示信息。
- 默认：用于输入属性的默认值。
- 在屏幕上指定：在绘图区中指定一点作为插入点。
- X/Y/Z：在数值框中输入插入点的坐标。
- 对正：用于设置文字的对齐方式。
- 文字样式：用于选择文字的样式。
- 文字高度：用于输入文字的高度值。
- 旋转：用于输入文字旋转角度值。

图 5-9 "属性定义"对话框

5.2.2 编辑块的属性

定义块属性后，插入块时，如果不需要属性完全一致的块，就需要对块进行编辑操作。在"增
强属性编辑器"对话框中可以对图块进行编辑。用户可以通过以下方式打开"增强属性编辑器"
对话框。

● 执行"修改"→"对象"→"属性"→"单个"命令，根据提示选择块。

● 在命令行输入 EATTEDIT 命令并按回车键，根据提示选择块。

执行以上任意一种方法即可打开"增强属性编辑器"对话框，如图 5-10 所示。

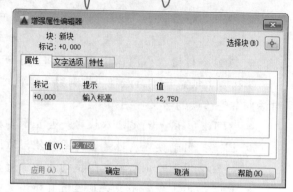

图 5-10　"增强属性编辑器"对话框

下面将对"增强属性编辑器"对话框中各选项卡的含义进行介绍。

● 属性：显示块的标记、提示和值。选择属性，对话框下方的"值"文本框将会出现属性值，可以在该文本框中进行设置。

● 文字选项：该选项卡用来修改文字格式。其中包括文字样式、对正、高度、旋转、宽度因子、倾斜角度、反向和倒置等选项。

● 特性：在其中可以设置图层、线型、颜色、线宽和打印样式等选项。

📖 **绘图技巧**

> 双击创建好的属性图块，同样可以打开"增强属性编辑器"对话框。

5.3　外部参照的使用

在实际绘图中，如果需要按照某个图进行绘制，就可以使用外部参照，外部参照可以作为图形的一部分。外部参照和块有很多相似的部分，但也有区别，作为外部参照的图形会随着原图形的修改而更新。

5.3.1　附着外部参照

若需要使用外部参照图形，首先需要附着外部参照，在"插入"选项卡的"参照"面板中单击"附着"按钮，即可打开"选择参照文件"对话框，如图 5-11 所示，从中选择文件后，将打开"附着外部参照"对话框，如图 5-12 所示。单击"确定"按钮即可将图形文件以外部参照的方式插入到当前图形中。

知识拓展

> 在命令行输入 XATTACH 命令也可以打开"选择参照文件"对话框。

图 5-11 "选择参照文件"对话框

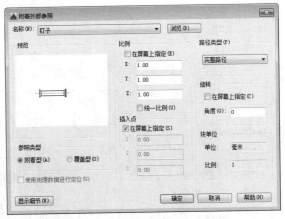

图 5-12 "附着外部参照"对话框

5.3.2 管理外部参照

附着参照后可以在"外部参照"面板中编辑和管理外部参照。用户可以通过以下方式打开"外部参照"面板。

● 执行"插入"→"外部参照"命令。

● 在"插入"选项卡"参照"面板中单击"外部参照"按钮 。

● 在命令行输入 XREF 命令并按回车键。

执行以上任意一种方法即可打开"外部参照"面板，如图 5-13 所示。其中各选项的含义介绍如下。

● 附着：单击"附着"按钮 ，即可添加不同格式的外部参照文件。

● 文件参照：显示当前图形中各种外部参照的文件名称。

● 详细信息：显示外部参照文件的详细信息。

● 列表图：单击该按钮，设置图形以列表的形式显示。

● 树状图：单击该按钮，设置图形以树的形式显示。

图 5-13 "外部参照"面板

1. 删除外部参照

要从图形中完全删除外部参照，就需要拆散它们，使用"拆离"选项，即可删除外部参照和所有相关的信息。

2. 更新外部参照

如果对外部参照的原始图块进行了修改，则会在状态栏中自动弹出提示框，提醒用户外部参照文件已经被修改，询问用户是否重新加载外部参照，若单击"重载"超链接，则会重新加载外部参照；若单击"关闭"按钮，则会忽略提示信息。

5.3.3 编辑外部参照

块和外部参照都被视为参照，用户可以使用在位参照编辑来修改当前图形中的外部参照，也可以重定义当前图形中的块定义。

用户可以通过以下方式打开"参照编辑"对话框，如图 5-14 所示。

● 执行"工具"→"外部参照和块在位编辑"→"在位编辑参照"命令。

● 在"插入"选项卡"参照"面板中，单击"参照"下拉按钮，在弹出的列表中单击"编辑参照"按钮。

● 在命令行输入 REFEDIT 命令并按回车键。

● 双击需要编辑的外部参照图形。

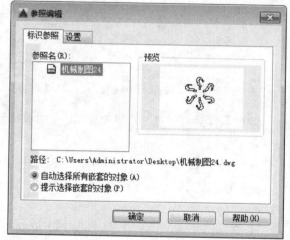

图 5-14 "参照编辑"对话框

5.4 设计中心的应用

在 AutoCAD 设计中心中，用户可以浏览、查找、预览和管理 AutoCAD 图形，可以将原图形中的任何内容拖动到当前图形中，还可以对图形进行修改，该功能使用起来非常方便。下面向用户介绍如何使用设计中心相关功能的操作。

AutoCAD 设计中心向用户提供了一个高效且直观的工具，在"设计中心"面板中可以浏览、查找、预览和管理 AutoCAD 图形。用户可以通过以下方式打开该面板。

- 执行"工具"→"选项板"→"设计中心"命令。
- 在"视图"选项卡"选项板"面板中单击"设计中心"按钮 。
- 在命令行输入 ADCENTER 命令并按回车键。
- 按 Ctrl+R 快捷键。

执行以上任意一种方法即可打开"设计中心"面板，如图 5-15 所示。

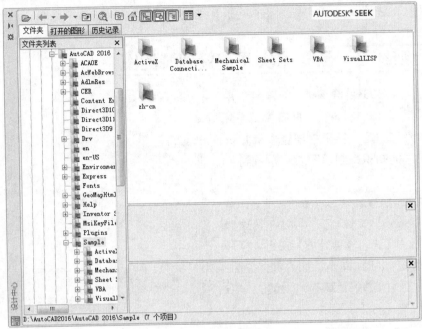

图 5-15 "设计中心"面板

从面板中可以看出设计中心是由工具栏和选项卡组成的。工具栏包括加载、上一级、搜索、主页、树状图切换、预览、说明、视图和内容窗口等工具。选项卡包括文件夹、打开的图形和历史记录。

1. 工具栏

工具栏用于控制内容区中信息的显示和搜索。下面具体介绍各选项的含义。

- 加载：单击"加载"按钮，显示加载对话框，可以浏览本地和网络驱动器的 Web 文件，然后选择文件加载到内容区域。
- 上一级：返回显示上一个文件夹和上一个文件夹中的内容和内容源。
- 搜索：对指定位置和文件名进行搜索。
- 主页：返回到默认文件夹，单击树状图按钮，在文件上单击鼠标右键即可设置默认文件夹。
- 树状图切换：显示和隐藏树状图，更改内容窗口的大小显示。
- 预览：显示或隐藏内容区域选定项目的预览。
- 说明：显示和隐藏内容区域窗格中选定项目的文字说明。
- 视图：更改内容窗口中文件的排列方式。
- 内容窗口：显示选定文件夹中的文件。

2. 选项卡

设计中心选项卡是由文件夹、打开的图形和历史记录组成的。

- 文件夹：可浏览本地磁盘或局域网中所有的文件、图形和内容。
- 打开的图形：显示软件已经打开的图形。
- 历史记录：显示最近编辑过的图形名称及目录。

通过"设计中心"面板可以方便地插入图块、引用图像和外部参照。可以在图形之间进行复制图层、图块、线型、文字样式、标注样式和用户定义等操作。

综合演练——创建图块并布置到装配图

实例路径：实例 /CH05/ 综合演练 / 创建图块并布置到装配图 .dwg
视频路径：视频 /CH05/ 创建图块并布置到装配图 .avi

学习了本章知识后，接下来结合本章知识以及以往学习过的知识来创建图块并布置到装配图中。

Step 01 启动 AutoCAD 软件，新建空白文档，将其保存为"螺栓图形"文件，在"默认"选项卡的"图层"面板中单击"图层特性"按钮，打开"图层特性管理器"面板，单击"新建图层"按钮创建"中心线"图层，并设置其特性，如图 5-16 所示。

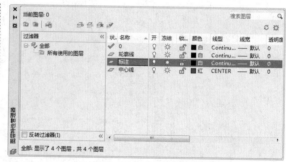

图 5-17 创建其余图层

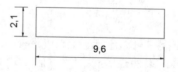

图 5-18 绘制矩形

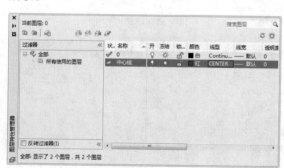

图 5-16 创建图层

Step 02 继续执行当前操作，创建"轮廓线"等图层并设置其特性，将"轮廓线"图层置为当前图层，如图 5-17 所示。

Step 03 执行"绘图"→"直线"命令，绘制长 9.6mm、宽 2.1mm 的矩形，如图 5-18 所示。

Step 04 执行"修改"→"偏移"命令，将线段进行偏移，如图 5-19 所示。

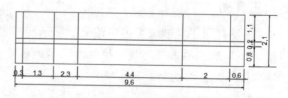

图 5-19 偏移线段

Step 05 执行"修改"→"修剪"命令，修剪掉多余的线段，如图 5-20 所示。

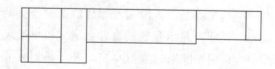

图 5-20 修剪图形

Step 06 执行"绘图"→"圆弧"命令，绘制圆弧，如图 5-21 所示。

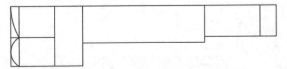

图 5-21 绘制圆弧

Step 07 执行"绘图"→"直线"命令，绘制斜线，如图 5-22 所示。

图 5-22 绘制斜线

Step 08 执行"修改"→"修剪"命令，修剪掉多余的线段，如图 5-23 所示。

图 5-23 修剪图形

Step 09 设置"中心线"图层为当前层，执行"绘图"→"直线"命令，绘制长 12mm 的中心线，如图 5-24 所示。

图 5-24 绘制中心线

Step 10 执行"修改"→"镜像"命令，镜像复制修剪后的图形，如图 5-25 所示。

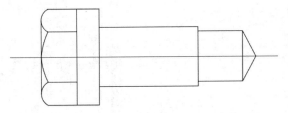

图 5-25 镜像图形

Step 11 关闭"中心线"图层。在"插入"选项卡的

"块定义"面板中单击"创建块"按钮，打开"块定义"对话框，如图 5-26 所示。

图 5-26 打开"块定义"对话框

Step 12 单击"选择对象"按钮，选择螺栓图形，如图 5-27 所示。

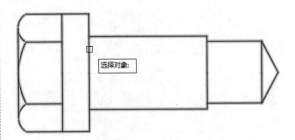

图 5-27 选择对象

Step 13 按回车键，返回"块定义"对话框，单击"拾取点"按钮，指定插入基点，如图 5-28 所示。

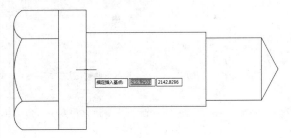

图 5-28 指定基点

Step 14 按回车键，返回"块定义"对话框，输入名称"螺栓"，单击"确定"按钮，关闭对话框，完成图块的创建，如图 5-29 所示。

Step 15 打开"装配图"素材文件，如图 5-30 所示。

Step 16 执行"插入"→"块"命令，打开"插入"对话框，如图 5-31 所示。

图 5-29 输入名称

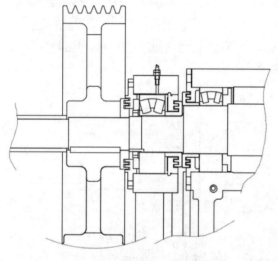

图 5-30 打开文件

图 5-31 打开"插入"对话框

Step 17 单击"浏览"按钮,打开"选择图形文件"对话框,选择"螺栓"文件,如图 5-32 所示。

Step 18 单击"打开"按钮,返回"插入"对话框,然后单击"确定"按钮,关闭对话框,如图 5-33

所示。

图 5-32 选择文件

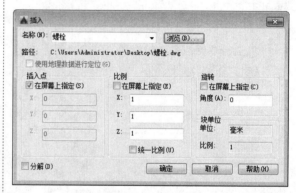

图 5-33 确定文件

Step 19 返回到绘图区,在装配图中指定插入点,并插入螺栓图块,如图 5-34 所示。

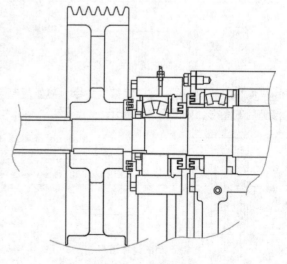

图 5-34 插入螺栓图块

Step 20 执行"复制"命令，指定复制基点，复制螺栓图形，完成创建图块并布置到装配图，如图 5-35 所示。

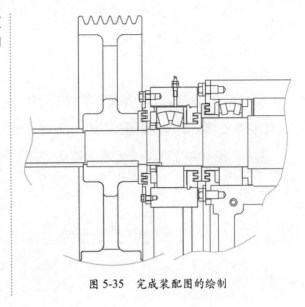

图 5-35 完成装配图的绘制

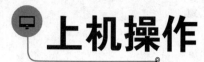

为了让读者能够更好地掌握本章所学的知识，在本小节列举几个拓展案例，以供读者练习。

1. 绘制数控滚齿机床身装配图形

利用本章所学的知识，在已有的基础上继续添加图块，完成数控滚齿机床身装配图形的绘制，如图 5-36 所示。

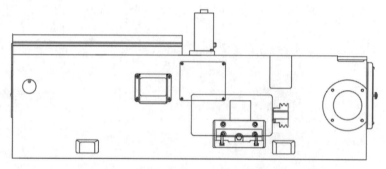

图 5-36　图形装配效果

⚠ **操作提示：**

Step 01 打开图形文件，执行"插入"→"块"命令。

Step 02 打开"选择图形文件"对话框，选择并插入垫片图块。

Step 03 调整图块的位置与大小，完成图形的绘制。

2. 绘制后立柱油缸装配图形

利用"设计中心"面板完成如图 5-37 所示的后立柱油缸装配图形的绘制。

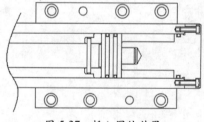

图 5-37　插入图块效果

⚠ **操作提示：**

Step 01 打开"后立柱油缸装配图形"文件，执行"工具"→"选项板"→"设计中心"命令，打开"设计中心"面板。

Step 02 打开螺栓图块所处位置，并在图块上单击鼠标右键，选择"插入图块"选项。

Step 03 将图块插入至文件中，完成后立柱油缸装配图形的绘制。

第**6**章

尺寸、文本与表格的应用

本章将介绍尺寸、文本与表格的应用，在机械设计中，尺寸是工程图样中不可缺少的重要内容，是零部件加工生产的依据，必须满足正确、完整、清晰的基本要求。文字和表格也同样重要，一般用于各种注释说明、零件明细等。通过本章的学习，使用户的制图更加规范。

知识要点

▲ 认识标注
▲ 创建和设置标注样式
▲ 表格的应用
▲ 基本尺寸标注
▲ 文字的应用

6.1 认识标注

标注尺寸是描述图形大小和相互位置关系的工具，也是一项细致而繁重的任务，AutoCAD软件为用户提供了完整的尺寸标注功能。本节将对尺寸标注的基本规则和要素等内容进行介绍。

6.1.1 标注的规则

下面通过基本规则、尺寸线、尺寸界线、标注尺寸的符号、尺寸数字5个方面介绍尺寸标注的规则。

1. 基本规则

在进行尺寸标注时，应遵循以下4个规则：

● 在设计图纸中的每个尺寸一般只标注一次，并标注在最容易查看物体相应结构特征的图形上。

● 在进行尺寸标注时，若使用的单位是mm，则不需要注明单位和名称；若使用其他单位，则需要注明相应计量的代号或名称。

- 尺寸的配置要合理，功能尺寸应该直接标注，尽量避免在不可见的轮廓线上标注尺寸，数字之间不允许有任何图线穿过，必要时可以将图线断开。
- 图形上所标注的尺寸数值应是图纸完工的实际尺寸，否则需要另外说明。

2. 尺寸线

- 尺寸线的终端可以使用箭头和实线这两种，可以设置它的大小，箭头适用于机械制图，斜线则适用于建筑制图。
- 当尺寸线与尺寸界线处于垂直状态时，可以采用一种尺寸线终端的方式，采用箭头时，如果空间地位不足，可以使用圆点和斜线代替箭头。
- 在标注角度时，尺寸线会更改为圆弧，而圆心是该角的顶点。

3. 尺寸界线

- 尺寸界线用细线绘制，与标注图形的距离相等。
- 标注角度的尺寸界线从两条线段的边缘处引出一条弧线，标注弧线的尺寸界线是平行于该弦的垂直平分线。
- 通常情况下，尺寸界线应与尺寸线垂直。标注尺寸时，拖动鼠标，将轮廓线延长，从它们的交点处引出尺寸界线。

4. 标注尺寸的符号

- 标注角度的符号为"°"，标注半径的符号为"R"，标注直径的符号为"φ"，标注圆弧的符号为"⌒"。标注尺寸的符号受文字样式的影响。
- 当需要指明半径尺寸是由其他尺寸所确定时，应用尺寸线和符号"R"标出，但不要注写尺寸数。

5. 尺寸数字

- 通常情况下，尺寸数字在尺寸线的上方或尺寸线内，若将标注文字对齐方式更改为水平时，尺寸数字则显示在尺寸线中央。
- 在线性标注中，如果尺寸线是与 X 轴平行的线段，则尺寸数字在尺寸线的上方；如果尺寸线与 Y 轴平行，尺寸数字则在尺寸线的左侧。
- 尺寸数字不可以被任何图线所经过，否则必须将该图线断开。

6.1.2 标注的组成要素

一个完整的尺寸标注由尺寸界线、尺寸线、箭头和标注文字组成，如图 6-1 所示。

下面具体介绍尺寸标注中基本要素的作用与含义。

- 箭头：用于显示标注的起点和终点，箭头的表现方法有很多种，可以是斜线、块和其他用户自定义符号。
- 尺寸线：显示标注的范围，一般情况下与图形平行。在标注圆弧和角度时是圆弧线。
- 标注文字：显示标注所属的数值。用来反映图形的尺寸，数值前会有相应的标注符号。
- 尺寸界线：也称为投影线。一般情况下与尺寸线垂直，特殊情况可将其倾斜。

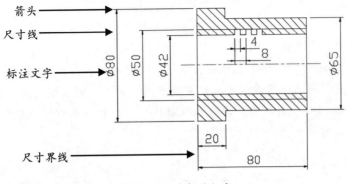

图 6-1　尺寸标注组成

6.2　新建和设置标注样式

　　标注样式有利于控制标注的外观，通过使用创建和设置过的标注样式，可使标注更加整齐。在"标注样式管理器"对话框中可以创建新的标注样式。

　　用户可以通过以下方式打开"标注样式管理器"对话框，如图 6-2 所示。

● 执行"格式"→"标注样式"命令。

● 在"默认"选项卡"注释"面板中单击"注释"按钮。

● 在"注释"选项卡"标注"面板中单击右下角的箭头。

● 在命令行输入 DIMSTYLE 命令并按回车键。

　　其中，该对话框中各选项的含义介绍如下。

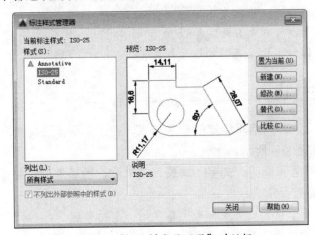

图 6-2　"标注样式管理器"对话框

● 样式：显示文件中所有的标注样式。

● 列出：设置样式中是显示所有的样式还是显示正在使用的样式。

● 置为当前：单击该按钮，被选择的标注样式则会置为当前。

● 新建：新建标注样式，单击该按钮，设置文件名后单击"继续"按钮，可进行编辑标注操作。

● 修改：修改已经存在的标注样式。单击该按钮会打开"修改标注样式"对话框，在该对话框中可对标注样式进行更改。

● 替代：单击该按钮，会打开"替代当前样式"对话框，在该对话框中可以设定标注样式的临时替代值，替代将作为未保存的更改结果显示在"样式"列表中的标注样式下。

● 比较：单击该按钮，将打开"比较标注样式"对话框，从中可以比较两个标注样式或列出一个标注样式的所有特性。

6.2.1　新建标注样式

如果标注样式中没有需要的样式类型，用户可以进行新建标注样式操作。在"标注样式管理器"对话框中单击"新建"按钮，将打开"创建新标注样式"对话框，如图6-3所示。

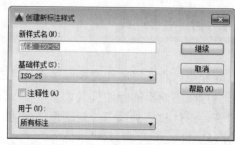

图6-3　"创建新标注样式"对话框

其中，常用选项的含义介绍如下。

● 新样式名：设置新建标注样式的名称。

● 基础样式：设置新建标注的基础样式。对于新建样式，只更改那些与基础特性不同的特性。

● 注释性：设置标注样式是否是注释性。

● 用于：设置一种特定标注类型的标注样式。

6.2.2　设置标注样式

在创建标注样式后，可以编辑创建的标注样式，在"新建标注样式"对话框中可以对相应的选项卡进行编辑，如图6-4所示。

该对话框由线、符号和箭头、文字、调整、主单位、换算单位、公差7个选项卡组成。下面将对各选项卡的功能进行介绍。

● 线：该选项卡用于设置尺寸线和尺寸界线的一系列参数。

● 符号和箭头：该选项卡用于设置箭头、圆心标记、折线标注、弧长符号、半径折弯标注等的一系列参数。

● 文字：该选项卡用于设置文字的外观、文字位置和文字的对齐方式。

● 调整：该选项卡用于设置箭头、文字、引线和尺寸线的放置方式。

● 主单位：该选项卡用于设置标注单位的显示精度和格式，并可以设置标注的前缀和后缀。

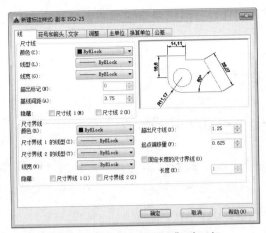

图 6-4 "新建标注样式"对话框

- **换算单位**：该选项卡用于设置标注测量值中换算单位的显示并设定其格式和精度。
- **公差**：该选项卡用于设置指定标注文字中公差的显示及格式。

6.3 基本尺寸标注

尺寸标注分为线性标注、对齐标注、角度标注、弧长标注、半径标注、直径标注、折弯标注、坐标标注、快速标注、连续标注、基线标注、公差标注和引线标注等，下面将逐一介绍各标注的创建方法。

6.3.1 线性标注

线性标注是标注图形对象在水平方向、垂直方向和旋转方向的尺寸。线性标注包括垂直、水平和旋转 3 种类型。用户可以通过以下方式调用线性标注命令。

- 执行"标注"→"线性"命令。
- 在"注释"选项卡"标注"面板中单击"线性"按钮 。
- 在命令行输入 DIMLINEAR 命令并按回车键。

知识拓展

如果向上或向下移动文字，则当前文字相对于尺寸线的垂直对齐不会改变，因此尺寸线和尺寸延长线会相应的有所改变。

6.3.2 对齐标注

对齐标注可以创建与标注的对象平行的尺寸，也可以创建与指定位置平行的尺寸。对齐标注的尺寸线总是平行于两个尺寸延长线的原点连成的直线。用户可以通过以下方法调用对齐标注命令。

- 执行"标注"→"对齐"命令。
- 在"注释"选项卡"标注"面板中单击"已对齐"按钮。
- 在命令行输入 DIMALIGNED 命令并按回车键。

对齐标注和线性标注极为相似。但标注斜线时不需要输入角度，指定两点之后拖动鼠标即可得到与斜线平行的标注，如图 6-5 所示为为零件图添加的对齐标注。

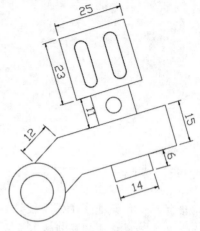

图 6-5 对齐标注效果

6.3.3 角度标注

角度标注是用来测量两条直线之间的角度，也可以测量圆或圆弧的角度。在 AutoCAD 软件中，用户可以通过以下方式调用角度标注命令。

- 执行"标注"→"角度"命令。
- 在"注释"选项卡"标注"面板中单击"角度"按钮。
- 在命令行输入 DIMANGULAR 命令并按回车键。

执行"角度"标注命令后，在绘图区中，选定两条测量线，其后指定好尺寸位置即可完成角度标注操作。

6.3.4 弧长标注

弧长标注是标注指定圆弧或多段线的距离，它可以标注圆弧和半圆的尺寸，用户可以通过以下方式调用弧长标注命令。

- 执行"标注"→"弧长"命令。
- 在"注释"选项卡"标注"面板中单击"弧长"按钮。
- 在命令行输入 DIMARC 命令并按回车键。

执行"标注"→"弧长"命令，选择圆弧，再根据提示拖动鼠标，在合适的位置单击即可完成弧长标注的操作，如图 6-6 所示。

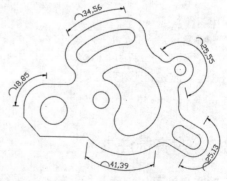

图 6-6 弧长标注效果

6.3.5 半径 / 直径标注

半径标注主要用于标注圆或圆弧的半径尺寸，用户可以通过以下方式调用半径标注命令。

- 执行"标注"→"半径"命令。
- 在"注释"选项卡"标注"面板中单击"半径"按钮◎。
- 在命令行输入 DIMRADIUS 命令并按回车键。

直径标注主要用于标注圆或圆弧的直径尺寸，用户可以通过以下方式调用直径标注命令。

- 执行"标注"→"直径"命令。
- 在"注释"选项卡"标注"面板中单击"直径"按钮◎。
- 在命令行输入 DIMDIAMETER 命令并按回车键。

如图 6-7、图 6-8 所示分别为半径标注和直径标注的效果。

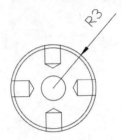

图 6-7 半径标注效果

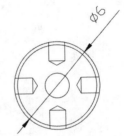

图 6-8 直径标注效果

知识拓展

当在 AutoCAD 中标注圆或圆弧的半径或直径时，系统将自动在测量值前面添加 R 或 φ 符号来表示半径和直径。但通常中文字体不支持 φ 符号，所以在标注直径尺寸时，最好选用一种英文字体的文字样式，以便使直径符号得以正确显示。

实战——标注轴端盖剖面图形

下面通过标注轴端盖剖面图来介绍尺寸标注的方法，通过学习本案例，读者能够熟练掌握对图形进行尺寸标注的操作，操作步骤如下。

Step 01 打开素材文件，如图 6-9 所示。

Step 02 执行"格式"→"标注样式"命令，打开"标注样式管理器"对话框，如图 6-10 所示。

Step 03 单击"新建"按钮，打开"创建新标注样式"对话框，输入新样式名"尺寸标注"，如图 6-11 所示。

Step 04 单击"继续"按钮，打开"新建标注样式：尺寸标注"对话框，如图 6-12 所示。

Step 05 选择"符号和箭头"选项卡，设置箭头大小为 2，如图 6-13 所示。

Step 06 选择"文字"选项卡，设置文字高度为 2，如图 6-14 所示。

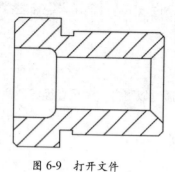

图 6-9　打开文件

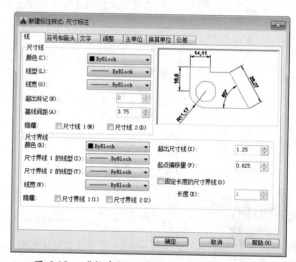

图 6-10　"标注样式管理器"对话框

图 6-11　输入新样式名

图 6-12　"新建标注样式：尺寸标注"对话框

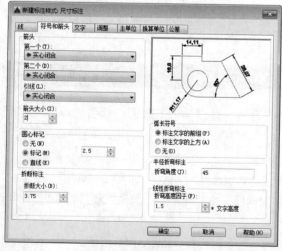

图 6-13　设置箭头大小

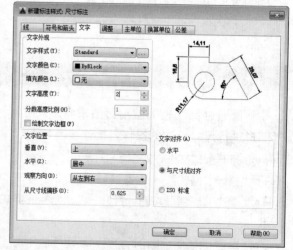

图 6-14　设置文字高度

Step 07 选择"主单位"选项卡，设置精度为 0，如图 6-15 所示。

Step 08 其他设置保持不变，然后单击"确定"按钮，返回"标注样式管理器"对话框，单击"置为当前"

按钮，关闭对话框，如图 6-16 所示。

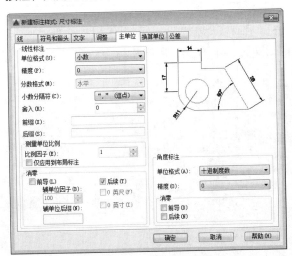
图 6-15　设置单位精度

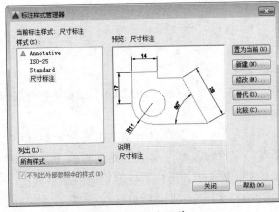
图 6-16　置为当前

Step 09 执行"标注"→"线性"命令，对轴端盖剖面图进行尺寸标注，如图 6-17 所示。

Step 10 双击尺寸数字，插入直径符号，如图 6-18 所示。

Step 11 执行"标注"→"半径"命令，继续标注轴端盖剖面图形圆角位置的尺寸，如图 6-19 所示。

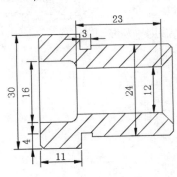
图 6-17　线性标注

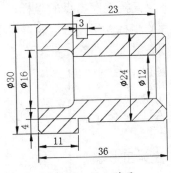
图 6-18　插入符号

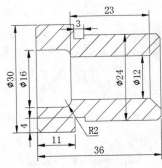
图 6-19　半径标注

Step 12 执行"标注"→"角度"命令，继续完成标注轴端盖剖面图形尺寸，如图 6-20 所示。

Step 13 执行"标注"→"多重引线"命令，标注倒角尺寸，完成轴端盖剖面图形的尺寸标注，如图 6-21 所示。

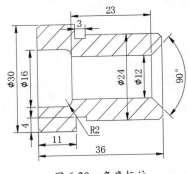
图 6-20　角度标注

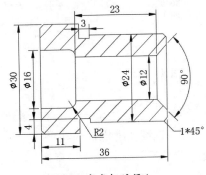
图 6-21　完成标注添加

6.3.6 折弯标注

当圆弧或者圆的中心在图形的边界外，且无法显示在实际位置时，可以使用折弯标注。折弯标注主要是标注圆形或圆弧的半径尺寸。用户可以通过以下方式调用折弯标注命令。

- 执行"标注"→"折弯"命令。
- 在"注释"选项卡"标注"面板中单击"折弯"按钮 。
- 在命令行输入 DIMJOGGED 命令并按回车键。

折弯半径可以在更方便的位置指定标注的原点，在"修改标注样式"对话框的"符号和箭头"选项卡中，用户可控制折弯的默认角度。如图 6-22 所示为利用折弯标注为图形添加标注的效果。

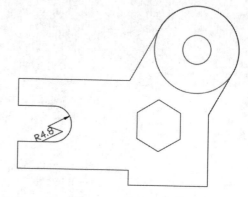

图 6-22 折弯标注效果

6.3.7 坐标标注

在施工图中，绘制的图形并不能直接观察出点的坐标，那么就需要使用坐标标注。坐标标注主要是标注指定点的 X 坐标或者 Y 坐标。用户可以通过以下方式调用坐标标注命令。

- 执行"格式"→"坐标"命令。
- 在"注释"选项卡"标注"面板中单击"坐标"按钮 。
- 在命令行输入 DIMORDINATE 命令并按回车键。

如图 6-23 所示为利用坐标标注为图形添加标注的效果。

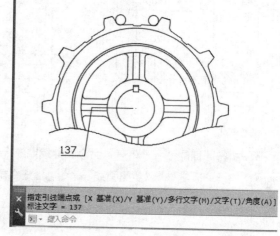

图 6-23 坐标标注

6.3.8 快速标注

使用快速标注可以选择一个或多个图形对象，系统将自动查找所选对象的端点或圆心。根据端点或圆心的位置快速地标注其尺寸。用户可以通过以下方式调用快速标注命令。

- 执行"标注"→"快速"命令。
- 在"注释"选项卡"标注"面板中单击"快速"按钮 。

● 在命令行输入 QDIM 命令并按回车键。

6.3.9 连续标注

连续标注是指连续进行线性标注、角度标注和坐标标注。在使用连续标注之前，首先要进行线性标注、角度标注或坐标标注。创建其中一种标注之后再进行连续标注，它会根据之前创建的标注的尺寸界线作为下一个标注的原点进行连续标注。

用户可以通过以下方式调用连续标注命令。

● 执行"标注"→"连续"命令。
● 在"注释"选项卡"标注"面板中单击"连续"按钮╫╫连续。
● 在命令行输入 DIMCONTINUE 命令并按回车键。

> **🖊 绘图技巧**
>
> 执行"标注"→"对齐文字"命令，在其下的子菜单中选择需要的命令，同样可以对标注文字的位置进行编辑。

6.3.10 基线标注

在创建基线标注之前，需要先创建线性标注、角度标注、坐标标注等。基线标注是从指定的第 1 个尺寸界线处创建基线标注尺寸。用户可以通过以下方式调用基线标注命令。

● 执行"标注"→"基线"命令。
● 在"注释"选项卡"标注"面板中单击"基线"按钮┝┤。
● 在命令行输入 DIMBASELINE 命令并按回车键。

6.3.11 公差标注

公差标注是用来表示特征的形状、轮廓、方向、位置及跳动的允许偏差。下面将介绍公差的符号、使用对话框标注公差等。

1. 公差符号

在 AutoCAD 中，可以通过特征控制框显示形位公差，下面介绍几种常用的公差符号，如表 6-1所示。

表 6-1　公差符号

符　号	含　　义	符　号	含　　义	符　号	含　　义
ⓟ	投影公差	⌒	平面轮廓	—	直线度
⌒	直线	=	对称	Ⓜ	最大包容条件
◎	同心 / 同轴	↗	圆跳动	Ⓛ	最小包容条件

续表

符 号	含 义	符 号	含 义	符 号	含 义
○	圆或圆度	⊿	全跳动	Ⓢ	不考虑特征尺寸
⊕	定位	▱	平坦度	⌀	柱面性
∠	角	⊥	垂直	//	平行

2. 公差标注

在如图 6-24 所示的"形位公差"对话框中，可以设置公差的符号和数值。用户可以通过以下方式打开"形位公差"对话框。

- 执行"标注"→"公差"命令。
- 在"注释"选项卡"标注"面板中单击"公差"按钮⊞。
- 在命令行输入 TOLERANCE 命令并按回车键。

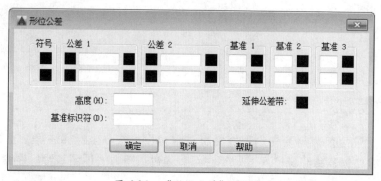

图 6-24   "形位公差"对话框

"形位公差"对话框中各选项的含义介绍如下。

- 符号：单击"符号"下方的■符号，会弹出"特征符号"对话框，在其中可设置特征符号，如图 6-25 所示。
- 公差 1、公差 2：单击该列表框的■符号，将插入一个直径符号，单击后面的黑正方形符号，将弹出"附加符号"对话框，在其中可以设置附加符号，如图 6-26 所示。
- 基准 1、基准 2 和基准 3：在该列表框可以设置基准参照值。
- 高度：设置投影特征控制框中的投影公差零值。投影公差带控制固定垂直部分延伸区的高度变化，并以位置公差控制公差精度。
- 基准标识符：设置由参照字母组成的基准标识符。

图 6-25   "特征符号"对话框

图 6-26   "附加符号"对话框

- 延伸公差带：单击该选项后的■符号，将插入延伸公差带符号。

知识拓展

尺寸公差用于指定标注可以变动的范围,通过指定生产中的公差,可以控制部件所需要的精度等级。

6.3.12　引线标注

在机械绘图中,只有数值标注是不够的,在进行立面绘制时,为了清晰地标注出图形的材料和尺寸,用户可以利用引线标注来实现。

1. 设置引线样式

在创建引线的过程前需要设置引线的形式、箭头的外观显示和尺寸文字的对齐方式等。在"多重引线样式管理器"对话框中可以设置引线样式,用户可以通过以下方式打开"多重引线样式管理器"对话框。

● 执行"格式"→"多重引线样式"命令。

● 在"注释"选项卡"引线"面板中单击右下角的箭头 ◥。

● 在命令行输入 MLEADERSTYLE 命令并按回车键。

如图 6-27 所示为"多重引线样式管理器"对话框,其中,各选项的具体含义介绍如下。

● 样式:显示已有的引线样式。

● 列出:设置样式列表框内显示所有引线样式还是正在使用的引线样式。

● 置为当前:选择样式名,单击"置为当前"按钮,即可将引线样式置为当前。

● 新建:新建引线样式。单击该按钮,即可弹出"创建新多重引线样式"对话框,输入样式名,单击"继续"按钮,即可设置多重引线样式。

● 删除:选择样式名,单击"删除"按钮,即可删除该引线样式。

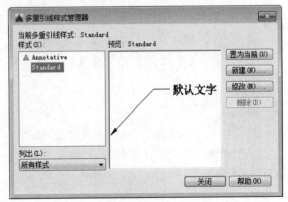

图 6-27　"多重引线样式管理器"对话框

● 关闭:关闭"多重引线样式管理器"对话框。

2. 创建引线标注

设置引线样式后就可以创建引线标注了,用户可以通过以下方式调用"多重引线"命令。

● 执行"标注"→"多重引线"命令。

● 在"注释"选项卡"引线"面板中单击"多重引线"按钮 ⌐。

● 在命令行输入 MLEADER 命令并按回车键。

3. 编辑多重引线

如果创建的引线还未达到要求,用户需要对其进行编辑操作,那么可以在"多重引线"选

项板中编辑多重引线，还可以利用菜单命令或者"注释"选项卡"引线"面板中的按钮进行编辑操作。用户可以通过以下方式调用编辑多重引线的命令。

- 执行"修改"→"对象"→"多重引线"命令的子菜单命令，如图 6-28 所示。
- 在"注释"选项卡"引线"面板中，单击相应的按钮，如图 6-29 所示。

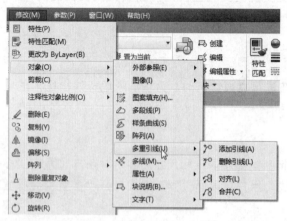

图 6-28　编辑多重引线的菜单命令

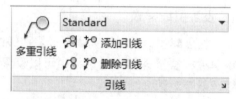

图 6-29　"引线"面板

由图 6-28 可知，编辑多重引线的命令包括添加引线、删除引线、对齐和合并四个选项。下面具体介绍各选项的含义。

- 添加引线：在一条引线的基础上添加另一条引线，且标注是同一个。
- 删除引线：将选定的引线删除。
- 对齐：将选定的引线对象对齐并按一定间距排列。
- 合并：将包含块的选定多重引线组织到行或列中，并使用单引线显示结果。

知识拓展

双击多重引线，弹出"多重引线"选项板，在该选项板中可对多重引线进行编辑操作，如图 6-30 所示。

图 6-30　"多重引线"选项板

6.4　文字的应用

文字是机械图形的重要组成部分，主要用于技术说明和标题栏的填写，几乎所有的图形结构中都包含了尺寸标注文字或图形解释文字，这些文字一般统称为技术注释。下面将介绍创建与修改文字样式等操作。

6.4.1 创建与修改文字样式

文字样式是对同一类文字的格式设置的集合，包括字体、字高、显示效果等。在插入文字前，应首先定义文字样式，以指定字体、高度等参数，然后用定义好的文字样式进行标注。

1. 创建文字样式

在实际绘图中，用户可以根据要求设置文字样式和创建新的样式，设置文字样式，可以使文字标注看上去更加美观和统一。通常在创建文字注释和尺寸标注时，所使用的文字样式为当前的文字样式。文字样式包括选择字体文件、设置文字高度、设置宽度比例、设置文字显示等。用户可以通过以下方式打开"文字样式"对话框，如图 6-31 所示。

- 执行"格式"→"文字样式"命令。
- 在"默认"选项卡"注释"面板中单击下拉按钮，在弹出的列表中单击"文字注释"按钮 A。
- 在"注释"选项卡"文字"面板中单击右下角箭头 ↘。
- 在命令行输入 ST 命令并按回车键。

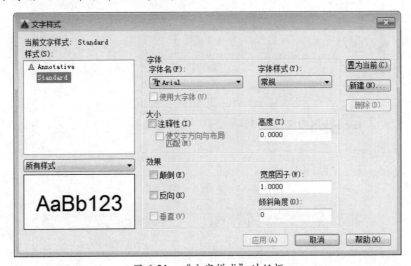

图 6-31 "文字样式"对话框

其中，"文字样式"对话框中各选项的含义介绍如下。

- 样式：显示已有的文字样式。单击"所有样式"列表框右侧的三角符号，在弹出的列表中可以设置"样式"列表框是显示所有样式还是正在使用的样式。
- 字体：包含"字体名"和"字体样式"选项。"字体名"用于设置文字注释的字体。"字体样式"用于设置字体格式，例如斜体、粗体或者常规字体。
- 大小：包含"注释性""使文字方向与布局匹配"和"高度"选项，其中"注释性"用于指定文字为注释性，"高度"用于设置字体的高度。
- 效果：修改字体的特性，如高度、宽度因子、倾斜角度以及是否颠倒显示。

- 置为当前：将选定的样式置为当前。
- 新建：创建新的样式。
- 删除：单击"样式"列表框中的样式名，会激活"删除"按钮，单击该按钮即可删除样式。

绘图技巧

在操作过程中，系统无法删除已经被使用了的文字样式、默认的 Standard 样式及当前文字样式。

2. 修改文字样式

如果在绘制图形时，创建的文字样式太多，这时就可以通过"重命名"和"删除"命令来管理文字样式。

执行"格式"→"文字样式"命令，打开"文字样式"对话框，在文字样式上单击鼠标右键，然后选择"重命名"命令，输入"平面注释"后按回车键即可重命名，如图 6-32 所示，选中"平面注释"样式名，单击"置为当前"按钮，即可将其置为当前，如图 6-33 所示。

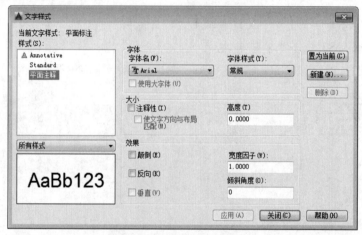

图 6-32　重命名文字样式

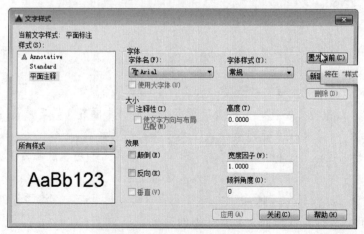

图 6-33　单击"置为当前"按钮

知识拓展

单击"平面注释"样式名，此时，"删除"按钮被激活，单击"删除"按钮，如图 6-34 所示。在对话框中单击"确定"按钮（如图 6-35 所示），系统会打开警告提示框，在此单击"确定"按钮，文字样式将被删除，设置完成后单击"关闭"按钮，即可完成设置操作。

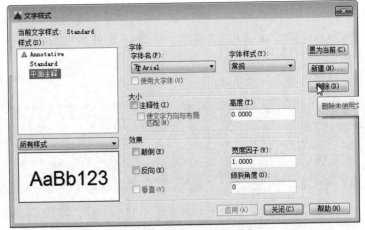

图 6-34 单击"删除"按钮

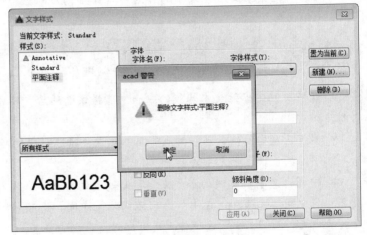

图 6-35 警告提示对话框

6.4.2 单行文字

AutoCAD 中的文字有单行和多行之分。"单行文字"主要用于创建不需要使用多种字体的简短内容。它的每一行都是一个文字对象。而"多行文字"输入的是一个整体，不能对每行文字进行单独处理。

1. 创建单行文字

用户可以通过以下方式调用"单行文字"命令。

- 执行"绘图"→"文字"→"单行文字"命令。
- 在"默认"选项卡"文字注释"面板中单击"单行文字"按钮A。

● 在"注释"选项卡"文字"面板中单击下拉按钮,在弹出的列表中单击"单行文字"按钮A。

● 在命令行输入 TEXT 命令并按回车键。

执行"绘图"→"文字"→"单行文字"命令。在绘图区指定一点,根据提示输入高度为 100,角度为 0,并输入文字,在文字之外的位置单击鼠标左键,即可完成创建单行文字操作。

设置后命令行提示如下:

```
命令: _text
当前文字样式: "Standard" 文字高度: 50.0000 注释性: 否 对正: 左
指定文字的起点 或 [对正(J)/样式(S)]:
指定高度 <50.0000>: 100
指定文字的旋转角度 <0>: 0
```

由命令行可知单行文字的设置由"对正"和"样式"组成,下面具体介绍各选项的含义。

（1）对正

"对正"选项主要是对文本的排列方式和排列方向进行设置。根据提示输入 J 后,命令行提示如下:

```
输入选项 [左(L)/居中(C)/右(R)/对齐(A)/中间(M)/布满(F)/左上(TL)/中上(TC)/右上(TR)/左中(ML)/正中(MC)/右中(MR)/左下(BL)/中下(BC)/右下(BR)]:
```

● 居中:确定标注文本基线的中点,选择该选项后,输入后的文本均匀地分布在该中点的两侧。

● 对齐:指定基线的第一端点和第二端点,通过指定的距离,输入的文字只保留在该区域。输入文字的数量取决于文字的大小。

● 中间:文字在基线的水平点和指定高度的垂直中点上对齐,中间对齐的文字不保持在基线上。"中间"选项和"正中"选项不同,"中间"选项使用的中点是所有文字包括下行文字在内的中点,而"正中"选项使用大写字母高度的中点。

● 布满:指定文字按照由两点定义的方向和一个高度值布满整个区域,输入的文字越多,文字之间的距离就越小。

（2）样式

用户可以选择需要使用的文字样式。执行"绘图"→"文字"→"单行文字"命令。根据提示输入 S 并按回车键,然后再输入设置好的样式名称,即可显示当前样式的信息,这时,单行文字的样式将发生更改。

设置后命令行提示如下:

```
命令: _text
当前文字样式: "Standard" 文字高度: 100.0000 注释性: 否 对正: 布满
指定文字基线的第一个端点 或 [对正(J)/样式(S)]: s
输入样式名或 [?] <Standard>: 文字注释
当前文字样式: "Standard" 文字高度: 180.0000 注释性: 否 对正: 布满
```

绘图技巧

若想将文字进行竖排，则在输入文字前，将光标向下移动，来确定竖排方向即可。在输入文字的过程中，可以随时改变文字的位置。如果在输入文字的过程中想改变后面输入的文字位置，可指定新位置，并输入文本内容。

2. 编辑单行文字

用户可以执行 TEXTEDIT 命令编辑单行文本内容，还可以通过"特性"面板修改对正方式和缩放比例等。

（1）TEXTEDIT 命令

用户可以通过以下方式执行文本编辑命令。

● 执行"修改"→"对象"→"文字"→"编辑"命令。

● 在命令行输入 TEXTEDIT 命令并按回车键。

● 双击单行文本。

执行以上任意一种方法，即可进入文字编辑状态，对单行文字进行相应的修改。

（2）"特性"面板

选择需要修改的单行文本，单击鼠标右键，在弹出的快捷菜单中选择"特性"命令。打开"特性"面板，如图 6-36 所示。其中，面板中各选项的含义介绍如下。

● 常规：设置文本的颜色和图层。

● 三维效果：设置三维材质。

● 文字：设置文字的内容、样式、注释性、对正、高度、旋转、宽度因子和倾斜等。

● 几何图形：修改文本的位置。

● 其他：修改文本的显示效果。

图 6-36　"特性"面板

6.4.3　多行文字

多行文字常用于标注图形的技术要求和说明等，与单行文字不同的是，多行文字整体是一个文字对象，每一单行不能单独编辑。多行文字的优点是有更丰富的段落和格式编辑工具，特别适合创建大篇幅的文字说明。

1. 创建多行文字

用户可以通过以下方式调用"多行文字"命令。

● 执行"绘图"→"文字"→"多行文字"命令。

● 在"默认"选项卡"文字注释"面板中单击"多行文字"按钮**A**。

● 在"注释"选项卡"文字"面板中单击下拉按钮，在弹出的列表中单击"多行文字"按钮A。

● 在命令行输入 MTEXT 命令并按回车键。

执行"多行文字"命令后，在绘图区指定对角点，即可输入多行文字，输入完成后单击功能区右侧的"关闭文字编辑器"按钮，即可完成创建多行文本。

设置多行文本的命令行提示如下：

```
命令: _mtext
当前文字样式: "文字注释"  文字高度: 180 注释性: 否
指定第一角点:
指定对角点或 [高度(H)/对正(J)/行距(L)/旋转(R)/样式(S)/宽度(W)/栏(C)]:
```

2. 编辑多行文字

编辑多行文本和单行文本的方法一致，用户可以执行 TEXTEDIT 命令编辑多行文本内容，还可以通过"特性"面板修改对正方式和缩放比例等。

与编辑单行文本相比，编辑多行文本的"特性"面板的"文字"卷展栏内增加了"行距比例""行间距""行距样式"和"背景遮罩"等选项，但缺少了"倾斜"和"宽度"选项，相应的"其他"选项组也消失了。

实战——创建并编辑机械设计说明

下面以创建并编辑机械设计说明来介绍创建并编辑文本的方法，通过学习本案例，读者能够熟练掌握在 AutoCAD 中创建并编辑文本的操作方法，其具体操作步骤介绍如下。

Step 01 执行"绘图"→"文字"→"多行文字"命令，在绘图区指定第一点并拖动鼠标，如图 6-37 所示。

Step 02 单击鼠标左键确定第二点，进入输入状态，如图 6-38 所示。

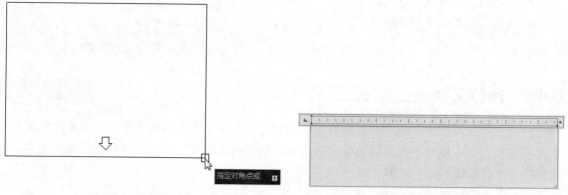

图 6-37 指定第一点　　　　图 6-38 指定第二点

Step 03 在文本框输入机械设计说明，如图 6-39 所示。

Step 04 输入完成后在"文字编辑器"选项卡的"关闭"面板中单击"关闭文字编辑器"按钮，即可完成创建多行文字的操作，如图 6-40 所示。

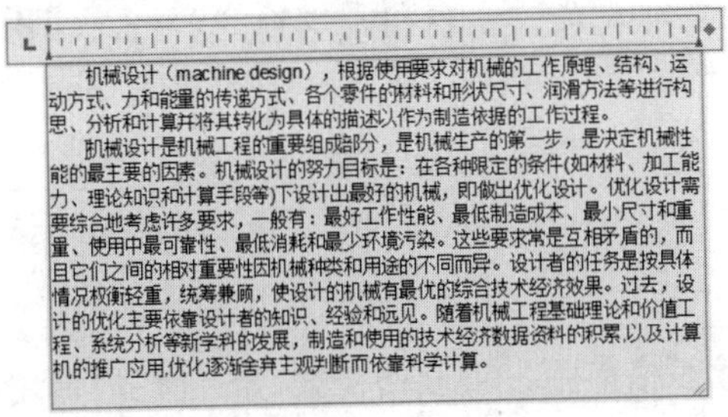

机械设计（machine design），根据使用要求对机械的工作原理、结构、运动方式、力和能量的传递方式、各个零件的材料和形状尺寸、润滑方法等进行构思、分析和计算并将其转化为具体的描述以作为制造依据的工作过程。
机械设计是机械工程的重要组成部分，是机械生产的第一步，是决定机械性能的最主要的因素。机械设计的努力目标是：在各种限定的条件(如材料、加工能力、理论知识和计算手段等)下设计出最好的机械，即做出优化设计。优化设计需要综合地考虑许多要求，一般有：最好工作性能、最低制造成本、最小尺寸和重量、使用中最可靠性、最低消耗和最少环境污染。这些要求常是互相矛盾的，而且它们之间的相对重要性因机械种类和用途的不同而异。设计者的任务是按具体情况权衡轻重，统筹兼顾，使设计的机械有最优的综合技术经济效果。过去，设计的优化主要依靠设计者的知识、经验和远见。随着机械工程基础理论和价值工程、系统分析等新学科的发展，制造和使用的技术经济数据资料的积累,以及计算机的推广应用,优化逐渐舍弃主观判断而依靠科学计算。

图 6-39　输入文字

机械设计（machine design），根据使用要求对机械的工作原理、结构、运动方式、力和能量的传递方式、各个零件的材料和形状尺寸、润滑方法等进行构思、分析和计算并将其转化为具体的描述以作为制造依据的工作过程。
机械设计是机械工程的重要组成部分，是机械生产的第一步，是决定机械性能的最主要的因素。机械设计的努力目标是：在各种限定的条件(如材料、加工能力、理论知识和计算手段等)下设计出最好的机械，即做出优化设计。优化设计需要综合地考虑许多要求，一般有：最好工作性能、最低制造成本、最小尺寸和重量、使用中最可靠性、最低消耗和最少环境污染。这些要求常是互相矛盾的，而且它们之间的相对重要性因机械种类和用途的不同而异。设计者的任务是按具体情况权衡轻重，统筹兼顾，使设计的机械有最优的综合技术经济效果。过去，设计的优化主要依靠设计者的知识、经验和远见。随着机械工程基础理论和价值工程、系统分析等新学科的发展，制造和使用的技术经济数据资料的积累,以及计算机的推广应用,优化逐渐舍弃主观判断而依靠科学计算。

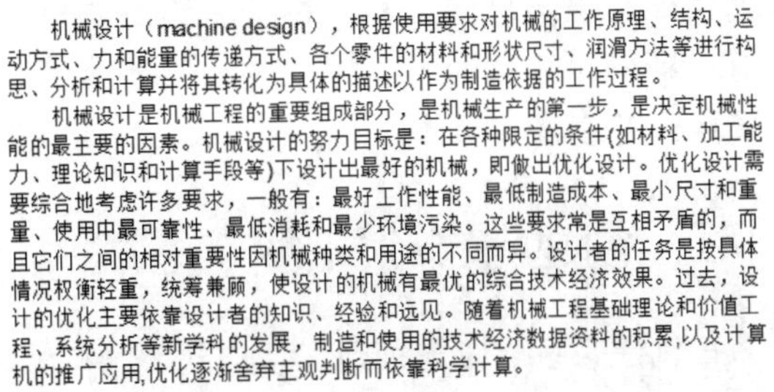

图 6-40　完成多行文字的创建

Step 05 双击多行文本进入编辑状态，如图 6-41 所示。

Step 06 在“文字编辑器”选项卡的“格式”面板中，设置字体为“仿宋”，单击“斜体”按钮 *I*，将文字设置为倾斜，如图 6-42 所示。

机械设计（machine design），根据使用要求对机械的工作原理、结构、运动方式、力和能量的传递方式、各个零件的材料和形状尺寸、润滑方法等进行构思、分析和计算并将其转化为具体的描述以作为制造依据的工作过程。
机械设计是机械工程的重要组成部分，是机械生产的第一步，是决定机械性能的最主要的因素。机械设计的努力目标是：在各种限定的条件(如材料、加工能力、理论知识和计算手段等)下设计出最好的机械，即做出优化设计。优化设计需要综合地考虑许多要求，一般有：最好工作性能、最低制造成本、最小尺寸和重量、使用中最可靠性、最低消耗和最少环境污染。这些要求常是互相矛盾的，而且它们之间的相对重要性因机械种类和用途的不同而异。设计者的任务是按具体情况权衡轻重，统筹兼顾，使设计的机械有最优的综合技术经济效果。过去，设计的优化主要依靠设计者的知识、经验和远见。随着机械工程基础理论和价值工程、系统分析等新学科的发展，制造和使用的技术经济数据资料的积累,以及计算机的推广应用,优化逐渐舍弃主观判断而依靠科学计算。

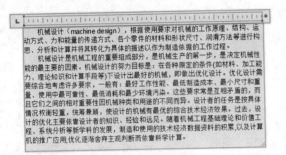

图 6-41　编辑状态

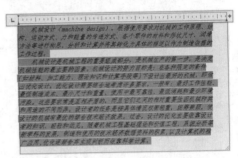

图 6-42　设置字体

Step 07 在“样式”面板中单击“背景”按钮，打开“背景遮罩”对话框，勾选“使用背景遮罩”复选框，设置背景颜色为 9 号灰色，如图 6-43 所示。

Step 08 设置完毕，单击“确定”按钮，关闭对话框，再单击“关闭文字编辑器”按钮完成操作，效果如图 6-44 所示。

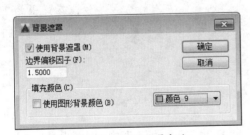

背景遮罩
使用背景遮罩(M)
边界偏移因子(F):
1.5000
填充颜色(C)
使用图形背景颜色(B)
颜色 9
确定
取消

图 6-43　设置背景颜色

机械设计（machine design），根据使用要求对机械的工作原理、结构、运动方式、力和能量的传递方式、各个零件的材料和形状尺寸、润滑方法等进行构思、分析和计算并将其转化为具体的描述以作为制造依据的工作过程。
机械设计是机械工程的重要组成部分，是机械生产的第一步，是决定机械性能的最主要的因素。机械设计的努力目标是：在各种限定的条件(如材料、加工能力、理论知识和计算手段等)下设计出最好的机械，即做出优化设计。优化设计需要综合地考虑许多要求，一般有：最好工作性能、最低制造成本、最小尺寸和重量、使用中最可靠性、最低消耗和最少环境污染。这些要求常是互相矛盾的，而且它们之间的相对重要性因机械种类和用途的不同而异。设计者的任务是按具体情况权衡轻重，统筹兼顾，使设计的机械有最优的综合技术经济效果。过去，设计的优化主要依靠设计者的知识、经验和远见。随着机械工程基础理论和价值工程、系统分析等新学科的发展，制造和使用的技术经济数据资料的积累,以及计算机的推广应用,优化逐渐舍弃主观判断而依靠科学计算。

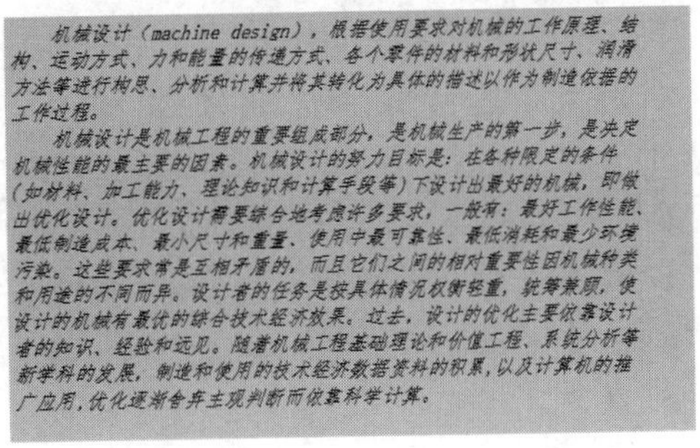

图 6-44　完成多行文字的编辑

6.5 表格的应用

在 AutoCAD 软件中，完整的表格由标题行、列标题和数据行三部分组成。表格是一种以行

和列格式提供信息的工具，最常见的用法是型号表和其他一些关于材料、规格的表格。使用表格可以帮助用户清晰地表达一些统计数据。下面将介绍如何设置表格样式、创建和编辑表格以及调用外部表格等操作。

6.5.1　创建与修改表格样式

在创建文字前应先创建文字样式，同样地，在创建表格前要设置表格样式，方便之后调用。在"表格样式"对话框中可以选择设置表格样式的方式，用户可以通过以下方式打开"表格样式"对话框。

- 执行"格式"→"表格样式"命令。
- 在"注释"选项卡中单击"表格"面板右下角的箭头。
- 在命令行输入 TABLESTYLE 命令并按回车键。

打开"表格样式"对话框后单击"新建"按钮，如图 6-45 所示，输入表格名称，单击"继续"按钮，即可打开新建表格样式对话框，如图 6-46 所示。

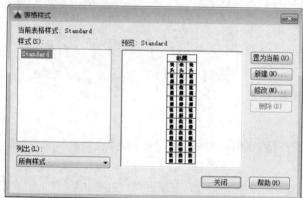

图 6-45　"表格样式"对话框

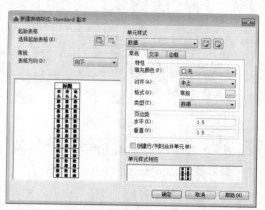

图 6-46　新建表格样式对话框

下面将具体介绍"表格样式"对话框中各选项的含义。

- 样式：显示已有的表格样式。单击"所有样式"列表框右侧的下拉按钮，在弹出的下拉列表中，可以设置"样式"列表框是显示所有表格样式还是正在使用的表格样式。
- 预览：预览当前的表格样式。
- 置为当前：将选中的表格样式置为当前。
- 新建：单击"新建"按钮，即可新建表格样式。
- 修改：修改已经创建好的表格样式。

在新建表格样式对话框中，在"单元样式"选项组"标题"下拉列表框中包含"数据""标题"和"表头"3 个选项，而在"常规""文字"和"边框"3 个选项卡中，可以分别设置"数据""标题"和"表头"的相应样式。

1. 常规

在"常规"选项卡中可以设置表格的填充颜色、对齐、格式、类型和页边距等特性。下面具体介绍该选项卡各选项的含义。

● 填充颜色：设置表格的背景填充颜色。

● 对齐：设置表格文字的对齐方式。

● 格式：设置表格中的数据格式，单击右侧的 [...] 按钮，即可打开"表格单元格式"对话框，在对话框中可以设置表格的数据格式，如图 6-47 所示。

● 类型：设置是数据类型还是标签类型。

● 页边距：设置表格内容距边线的水平和垂直距离，如图 6-48 所示。

图 6-47　"表格单元格式"对话框

图 6-48　设置页边距效果

2. 文字

打开"文字"选项卡，在该选项卡中主要设置文字的样式、高度、颜色、角度等，如图 6-49 所示。

图 6-49　"文字"选项卡

3. 边框

打开"边框"选项卡，在该选项卡可以设置表格边框的线宽、线型、颜色等选项，此外，还可以设置有无边框或是否是双线，如图 6-50 所示。

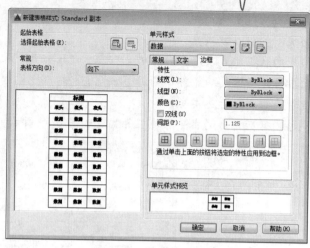

图 6-50　"边框"选项卡

6.5.2　创建表格

在 AutoCAD 中可以直接创建表格对象，而不需要单独用直线绘制表格，创建表格后可以进行编辑操作。用户可以通过以下方式调用创建表格命令。

● 执行"绘图"→"表格"命令。

● 在"注释"选项卡"表格"面板中单击"表格"按钮▦。

● 在命令行输入 TABLE 命令并按回车键。

打开"插入表格"对话框，从中设置列和行的相应参数，单击"确定"按钮，然后在绘图区指定插入点即可创建表格。

6.5.3　编辑表格

当创建表格后，如果对创建的表格不满意，可以编辑表格，在 AutoCAD 中可以使用夹点或"特性"面板进行编辑操作。

1.　夹点

大多情况下，创建的表格都需要进行编辑才能符合表格定义的标准，在 AutoCAD 中，不仅可以对整体的表格进行编辑，还可以对单独的单元格进行编辑，用户可以单击并拖动夹点调整宽度或在快捷菜单中进行相应的设置。

单击表格，表格上将出现编辑的夹点，如图 6-51 所示。

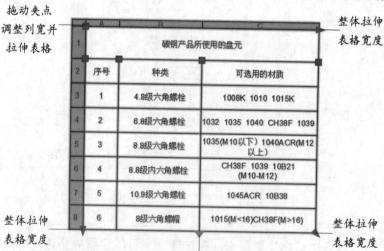

图 6-51　选中表格时各夹点的含义

2. "特性"面板

在"特性"面板中也可以编辑表格，在"表格"卷展栏中可以设置表格样式、方向、表格宽度和表格高度。双击需要编辑的表格，就会弹出"特性"面板，如图 6-52 所示。

知识拓展

在 AutoCAD 2016 中，将 Excel 表格导入 CAD 有三种方法。

第一种：选择菜单栏"插入"→"LOE 对象"命令，弹出"插入对象"对话框，选取"由文件创建"，单击"浏览"按钮选取 Excel 表格文档。

第二种：打开 Excel，选中表格区域，按 Ctrl+C 组合键，然后转到 AutoCAD 界面，按 Ctrl+V 组合键，这样整个表格则被导入 AutoCAD 中。

第三种：在命令行输入 TABLE，弹出"插入表格"对话框，选择"自数据连接"，然后单击"数据连接管理器"按钮，弹出对话框，选择"创建新的 Excel 数据链接"，浏览，选取 Excel 文档。

图 6-52 "特性"面板

实战——将 Excel 表格调入 AutoCAD 中

下面通过创建破碎机所需材料表来介绍将 Excel 表格调入 AutoCAD 的操作，操作步骤如下。

Step 01 执行"绘图"→"表格"命令，打开"插入表格"对话框，如图 6-53 所示。

Step 02 在"插入选项"选项组中，选择"自数据链接"单选按钮，然后单击下拉列表框右侧按钮，弹出"选择数据链接"对话框，如图 6-54 所示。

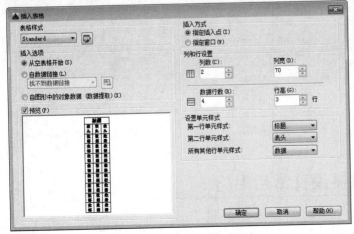

图 6-53 "插入表格"对话框

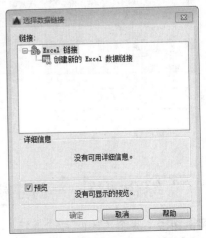

图 6-54 "选择数据链接"对话框

Step 03 选择"创建新的 Excel 数据链接"选项，打开"输入数据链接名称"对话框，并输入名称，如图 6-55 所示。

Step 04 单击"确定"按钮，打开新建 Excel 数据链接对话框，并单击"浏览文件"按钮，如图 6-56 所示。

Step 05 打开"另存为"对话框，在该对话框中选择文件，并单击"打开"按钮，如图 6-57 所示。

图 6-55 输入名称　　图 6-56 单击按钮

图 6-57 选择文件

Step 06 返回"新建 Excel 数据链接：破碎机所需零件表"对话框，依次单击"确定"按钮，返回绘图区中，单击鼠标左键指定插入点，即可插入表格，如图 6-58 所示。

Step 07 选择表格，可以看到当前表格内容已被锁定，如图 6-59 所示。

Step 08 在"表格单元"选项卡的"单元格式"面板中，单击"解锁"按钮，调整表格，完成本次操作，如图 6-60 所示。

图 6-58 插入表格

序号	代号	名称	数量	材料
		破碎机所需零件表		
1	K2540-24	挡板	4	Q235B
2	K2540-25	压紧螺栓	2	Q235B
3	K2540-26	调整螺栓	1	Q235B
4	K2540-31	弹簧	1	60Si2Mn
5	K2540-32	托盘	1	HT 200
6	K2540.1	机架	1	焊接件
7	K2540-2	螺塞	1	Q235B
8	K2540-3	垫圈	4	工业用纸
9	K2540-4	密封环	1	HT 200
10	K2540G-2	挡圈	2	Q235B
11	TP-1	产品标牌	1	ML2
12	GB/T 827	铆钉 3×6	4	ML2
13	GB/T 6170	螺母 M30	1	8
14	GB/T 825	吊环螺钉 M10	2	25
15	K2540G-5	驱动皮带轮	1	HT 200
16	K2540G-3	小皮带轮	1	HT 200
17	K2540G-4	轴套	1	Q235B
18	K2540G.5	给料箱	1	焊接件

图 6-58 插入表格

图 6-59 表格被锁定

（表格截图显示数据链接信息）

数据链接
破碎机所需材料表1
C:\Users\Administrator\Desktop\破碎机所需材料表.xlsx
链接详细信息：整个工作表：Sheet1
上次更新时间：2017/8/29 9:47:33
更新状态：成功
更新类型：从源更新
锁定状态：内容已锁定
表格

图 6-59 表格被锁定

图 6-60 完成插入表格操作

序号	代号	名称	数量	材料
		破碎机所需零件表		
1	K2540-24	挡板	4	Q235B
2	K2540-25	压紧螺栓	2	Q235B
3	K2540-26	调整螺栓	1	Q235B
4	K2540-31	弹簧	1	60Si2Mn
5	K2540-32	托盘	1	HT 200
6	K2540.1	机架	1	焊接件
7	K2540-2	螺塞	1	Q235B
8	K2540-3	垫圈	4	工业用纸
9	K2540-4	密封环	1	HT 200
10	K2540G-2	挡圈	2	Q235B
11	TP-1	产品标牌	1	ML2
12	GB/T 827	铆钉 3×6	4	ML2
13	GB/T 6170	螺母 M30	1	8
14	GB/T 825	吊环螺钉 M10	2	25
15	K2540G-5	驱动皮带轮	1	HT 200
16	K2540G-3	小皮带轮	1	HT 200
17	K2540G-4	轴套	1	Q235B
18	K2540G.5	给料箱	1	焊接件

图 6-60 完成插入表格操作

综合演练——创建机械设计常用表格

实例路径：实例 /CH06/ 综合演练 / 创建机械设计常用表格 .dwg
视频路径：视频 /CH06/ 创建机械设计常用表格 .avi

通过本章的学习，用户对表格的应用也有了一定的了解，下面就通过一个案例介绍一下表格的创建及设置等知识。

Step 01 启动 AutoCAD 2016 软件，新建空白文档，将其保存为"机械设计常用表格"文件，执行"格式"→"文字样式"命令，打开"文字样式"对话框，如图 6-61 所示。

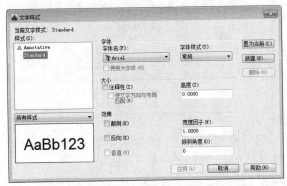

图 6-61　"文字样式"对话框

Step 02 单击"新建"按钮，打开"新建文字样式"对话框，并输入样式名，如图 6-62 所示。

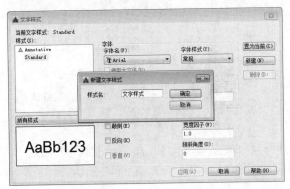

图 6-62　输入样式名

Step 03 单击"确定"按钮，返回"文字样式"对话框，在"字体名"下拉列表中选择字体，如图 6-63 所示。

Step 04 在"大小"选项组中设置字体高度，如图 6-64 所示。

Step 05 单击"置为当前"按钮，打开提示对话框，单击"是"按钮，保存修改，如图 6-65 所示。

Step 06 返回"文字样式"对话框，单击"关闭"按钮，如图 6-66 所示。

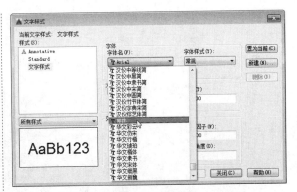

图 6-63　设置字体

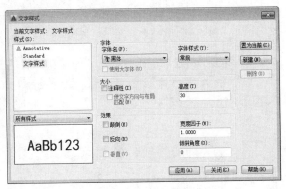

图 6-64　设置高度

图 6-65　保存修改

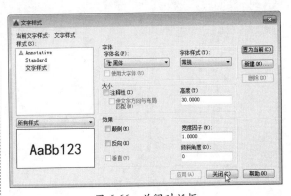

图 6-66　关闭对话框

Step 07 执行"格式"→"表格样式"命令,打开"表格样式"对话框,如图 6-67 所示。

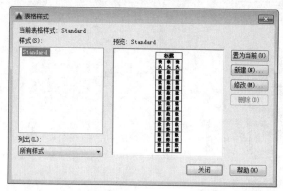

图 6-67 "表格样式"对话框

Step 08 单击"新建"按钮,打开"创建新的表格样式"对话框,输入样式名,如图 6-68 所示。

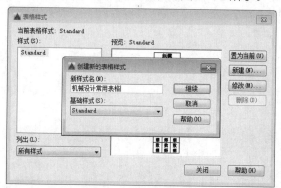

图 6-68 输入样式名

Step 09 单击"继续"按钮,返回新建表格样式对话框,对"常规""文字""边框"进行设置,单击"确定"按钮,如图 6-69 所示。

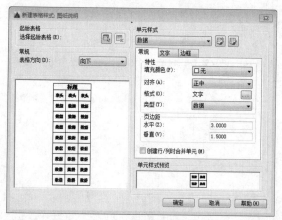

图 6-69 设置表格样式

Step 10 返回"表格样式"对话框,单击"置为当前"按钮,关闭对话框,如图 6-70 所示。

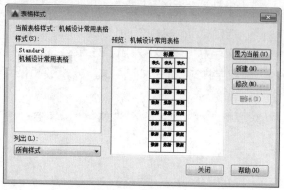

图 6-70 置为当前

Step 11 执行"绘图"→"表格"命令,弹出"插入表格"对话框,在"列和行设置"选项组中设置相应的参数,如图 6-71 所示。

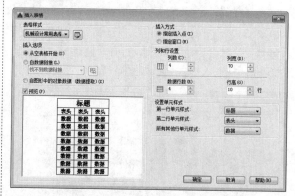

图 6-71 设置表格列和行参数

Step 12 单击"确定"按钮,在绘图区指定插入点,完成表格的插入操作,如图 6-72 所示。

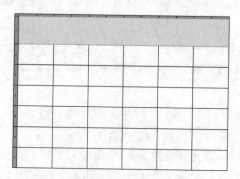

图 6-72 指定插入点

Step 13 在合适的位置输入标题,如图 6-73 所示。

	A	B	C	D
1	机械设计常用表格			
2				
3				
4				
5				
6				

图 6-73　输入标题

Step 14 按回车键输入表头内容，如图 6-74 所示。

钢板每平方米面积理论重量					
厚度(mm)	理论重量(kg)	厚度(mm)	理论重量(kg)	厚度(mm)	理论重量(kg)

图 6-74　输入表头内容

Step 15 在“厚度”一列所对应的数据单元格中输入数字，如图 6-75 所示。

钢板每平方米面积理论重量					
厚度(mm)	理论重量(kg)	厚度(mm)	理论重量(kg)	厚度(mm)	理论重量(kg)
0.3					
0.4					
0.5					
0.6					
0.7					

图 6-75　输入数字

Step 16 继续执行当前操作，调整对齐方式，完成表格的创建，如图 6-76 所示。

钢板每平方米面积理论重量					
厚度(mm)	理论重量(kg)	厚度(mm)	理论重量(kg)	厚度(mm)	理论重量(kg)
0.3	1.963	0.8	5.888	1.3	9.813
0.4	2.748	0.9	7.065	1.4	10.990
0.5	3.533	1.0	7.850	1.5	11.780
0.6	4.318	1.1	8.635	1.6	12.560
0.7	5.495	1.2	9.420	1.7	14.130

图 6-76　完成表格的创建

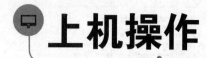

为了让读者能够更好地掌握本章所学的知识，在本小节列举几个拓展案例，以供读者练习。

1. 绘制公制自攻牙螺纹表

利用本章所学的文字和表格知识，创建如图 6-77 所示的表格。

公制自攻牙螺纹			
规格	牙距	规格	牙距
ST1.5	0.5	ST3.3	1.3
ST1.9	0.6	ST3.5	1.3
ST2.2	0.8	ST3.9	1.3
ST2.6	0.9	ST4.2	1.4
ST2.9	1.1	ST4.8	1.6

图 6-77　创建表格

⚠ 操作提示：

Step 01 使用"文字样式"命令创建一个新的文字样式。

Step 02 使用"表格样式"命令设置表格标题、表头和数据均为"正中"对齐方式。

Step 03 执行"绘图"→"表格"命令，设置表格为 7 行 4 列，确认设置后返回绘图区创建表格。

Step 04 输入文字完成表格的创建。

2. 为机械零件图形添加尺寸标注

使用"标注"命令，为固定零件图形添加尺寸标注，如图 6-78 所示。

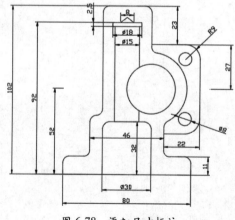

图 6-78　添加尺寸标注

⚠ 操作提示：

Step 01 利用线性命令，指定第一个和第二个尺寸界线原点，绘制线性标注。

Step 02 利用半径、直径命令，给圆和圆弧图形添加尺寸标注，完成尺寸标注的绘制。

第**7**章

输出与打印机械图纸

本章将介绍图纸的输出与打印。图形对象绘制完成后，通常情况需要将图形文件进行打印输出，以方便各部门和相关单位的技术交流。通过对 AutoCAD 图形文件的打印设置和打印技巧的学习，将使读者快速掌握 AutoCAD 打印图形的基本设置思路与技巧。

知识要点

▲ 输入与输出　　　　　　　　　　▲ 打印图纸

▲ 模型空间与图纸空间　　　　　　▲ 网络应用

▲ 布局视口

7.1　输入与输出

通过 AutoCAD 软件提供的输入与输出功能，可以实现 AutoCAD 图形与其他软件相互转换操作，如 3ds Max、SketchUp 等，下面将向用户介绍图纸的输入与输出。

7.1.1　输入图纸

在 AutoCAD 中，用户可以通过以下方式输入图纸。

● 执行"文件"→"输入"命令。

● 执行"插入"→"Windows 图元文件"命令。

● 在"插入"选项卡"输入"面板中单击"输入"按钮 。

● 在命令行输入 IMPORT 命令并按回车键。

执行以上任意一种操作即可打开"输入文件"对话框，如图 7-1 所示，从中根据文件格式和路径，选择需要的文件，并单击"打开"按钮即可输入。在"文件类型"下拉列表中可以看到，系统允许输入图元文件、ACIS 及 3D Studio 图形格式的文件，如图 7-2 所示。

图 7-1 "输入文件"对话框　　　　图 7-2 "文件类型"下拉列表

7.1.2 插入 OLE 对象

OLE 是指对象链接与嵌入，用户可以将其他 Windows 应用程序的对象链接或嵌入到 AutoCAD 图形中，或在其他程序中链接或嵌入 AutoCAD 图形。插入 OLE 文件可以避免图片丢失等问题，使用起来非常方便。用户可以通过以下方式调用"OLE 对象"命令。

- 执行"插入"→"OLE 对象"命令。
- 在"插入"选项卡"数据"面板中单击"OLE 对象"按钮。
- 在命令行输入 INSERTOBJ 命令并按回车键。

7.1.3 输出图纸

用户可以将 AutoCAD 软件中设计好的图形按照指定格式进行输出，调用输出命令的方式包含以下几种。

- 执行"文件"→"输出"命令。
- 在"输出"选项卡"输出为 DWF/PDF"面板中单击"输出"按钮。
- 在命令行输入 EXPORT 命令并按回车键。

实战——将图纸输出为 JPG 格式

下面以叉拨架模型为例来介绍将图纸输出为 JPG 格式的操作方法，操作步骤如下。

Step 01 打开素材文件，如图 7-3 所示。

Step 02 执行"文件"→"打印"命令，打开"打印 - 模型"对话框，如图 7-4 所示。

Step 03 将"打印机 / 绘图仪"名称设为 PublishToWeb.JPG.pc3，如图 7-5 所示。

Step 04 设置好图纸尺寸。勾选"居中打印"复选框，如图 7-6 所示。

Step 05 设置打印范围为"窗口"，如图 7-7 所示。

Step 06 待鼠标指针显示为十字状，拖动鼠标选择要打印的部分，然后单击鼠标左键，如图 7-8 所示。

Step 07 弹出"打印 - 模型"对话框，单击"确定"按钮，如图 7-9 所示。

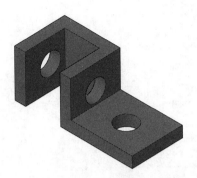

图 7-3 打开素材

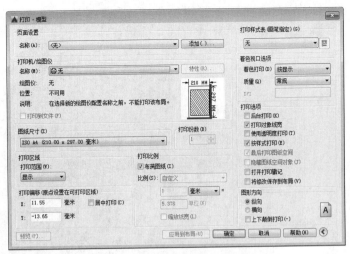

图 7-4 "打印-模型"对话框

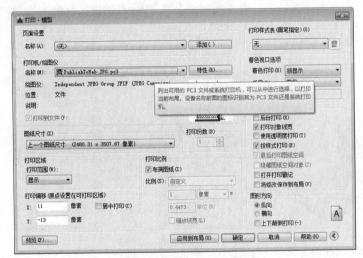

图 7-5 设置打印机名称

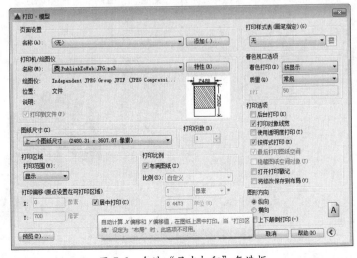

图 7-6 勾选"居中打印"复选框

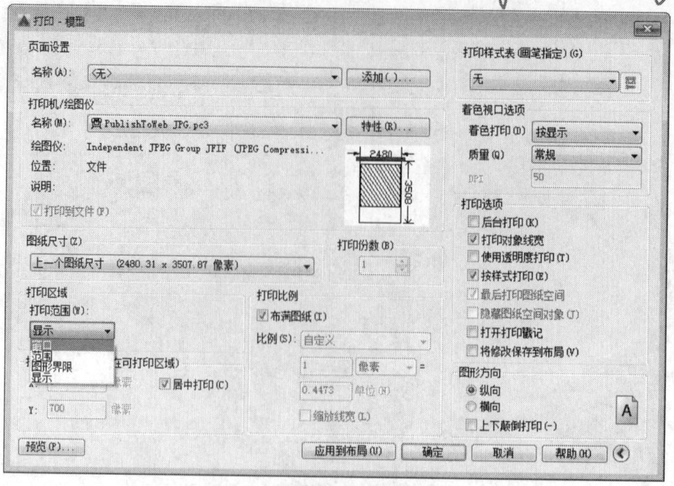

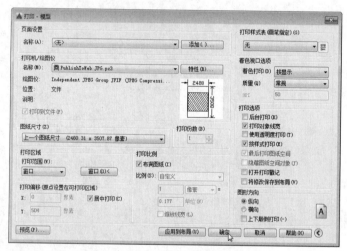

图 7-7　设置打印范围

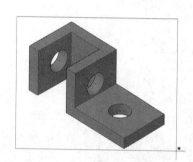

图 7-8　选择打印部分

图 7-9　单击"确定"按钮

Step 08 打开"浏览打印文件"对话框，选择要保存的位置，单击"保存"按钮，即可导出 JPG 格式，如图 7-10 所示。

Step 09 双击保存在桌面上的 JPG 图片，可浏览图纸文件，效果如图 7-11 所示。

图 7-10　保存文件

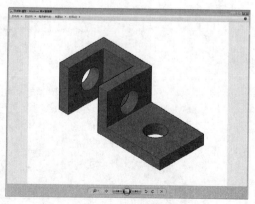

图 7-11　浏览图纸文件

7.2 模型空间与图纸空间

AutoCAD 为用户提供了两种工作空间，即模型空间和图纸空间。模型空间是可以绘制二维和三维图形的空间，即一种造型工作空间。图纸空间是二维空间。下面将详细介绍模型空间与图纸空间的相关知识。

7.2.1 模型空间和图纸空间的概念

模型空间和图纸空间都能出图。绘图一般是在模型空间进行。如果一张图中只有一种比例，用模型空间出图即可；如果一张图中同时存在几种比例，则应该用图纸空间出图。

这两种空间的主要区别在于：模型空间针对的是图形空间，图纸空间针对图纸布局空间。在模型空间中需要考虑的是单个图形能否绘制正确，不必担心绘图空间的大小。而图纸空间则侧重于图纸的布局，在图纸空间里，几乎不需要再对任何图形进行修改和编辑，如图 7-12、图 7-13 所示分别为模型空间和图纸空间的界面。

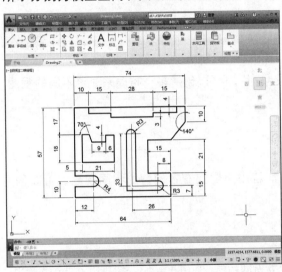

图 7-12 模型空间

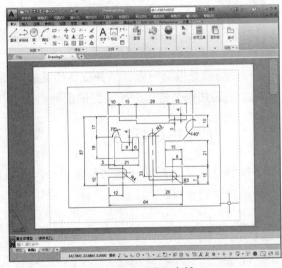

图 7-13 图纸空间

一般在绘图时，先在模型空间内进行绘制与编辑，完成上述工作之后，再进入图纸空间进行布局调整，直至最终出图。

知识拓展

在"布局"空间模式中还可以创建不规则视口。执行"视图"→"视口"→"多边形视口"命令，在布局空间只指定起点和端点，按回车键即可创建不规则视口，或者在"布局"选项卡"布局视口"面板中单击"矩形"按钮，在弹出的下拉列表中选择"多边形"选项。

7.2.2　模型空间与图纸空间的互换

在 AutoCAD 中，模型空间与图纸空间是可以相互切换的，下面将对其切换方法进行介绍。

1. 模型空间与图纸空间的切换

- 将鼠标指针放置在文件选项卡上，在弹出的浮动空间中选择"布局"选项。
- 在状态栏左侧单击"布局 1"或者"布局 2"按钮。
- 在状态栏中单击"模型"按钮模型。

2. 图纸空间与模型空间的切换

- 将鼠标指针放置在文件选项卡上，在弹出的浮动空间中选择"模型"选项。
- 在状态栏左侧单击"模型"按钮 模型 。
- 在状态栏中单击"图纸"按钮图纸。
- 在图纸空间中双击鼠标左键，此时激活活动视口，然后进入模型空间。

7.3　布局视口

布局，就是模拟一张图纸并提供预置的打印设置。用户可以创建多个布局来显示不同的视图，视图中的图形则是打印时所见到的图形。

7.3.1　创建布局视口

默认情况下，系统将自动创建一个浮动视口，若用户需要查看模型的不同视图，可以创建多个视口进行查看。

> **绘图技巧**
>
> 用户也可以通过在命令行中输入 LAYOUT 命令来创建布局。利用此命令，可以对已创建的布局进行复制、删除、选择样板、重命名、另存为等操作，也可以对布局样式进行设置。

7.3.2　设置布局视口

创建视口后，如果对创建的视口不满意，那么便可以根据需要调整布局视口。

1. 更改视口大小和位置

如果创建的视口不符合用户的需求，用户可以利用视口边框的夹点来更改视口的大小和位置。

2. 删除和复制布局视口

用户可通过 Ctrl+C 快捷键和 Ctrl+V 快捷键进行视口的复制和粘贴，按 Delete 键即可删除视口，也可以通过单击鼠标右键，在弹出的快捷菜单中进行操作。

3. 设置视口中的视图和视觉样式

在"布局"空间模式中可以更改视图和视觉样式，并编辑模型显示大小。双击视图即可激活视口，使其窗口边框变为粗黑色，单击视口左上角的视图控件图标和视觉样式控件图标即可更改视图及视觉样式。

实战——为机械零件图纸添加图框

下面为机械零件图纸添加图框。通过学习本案例，读者能够熟练掌握在 AutoCAD 中如何为图纸添加图框，操作步骤如下。

Step 01 打开素材文件，如图 7-14 所示。

Step 02 在状态栏中单击"布局 1"按钮，打开布局空间，如图 7-15 所示。

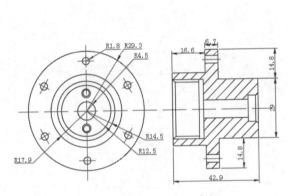

图 7-14　打开素材

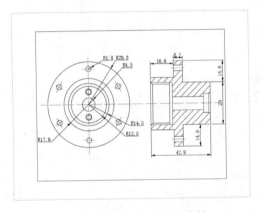

图 7-15　打开布局空间

Step 03 在"布局 1"按钮上单击鼠标右键，在弹出的快捷菜单中选择"从样板"命令，如图 7-16 所示。

Step 04 在打开的"从文件选择样板"对话框中选择合适的样板，如图 7-17 所示。

图 7-16　选择"从样板"命令

图 7-17　选择样板

Step 05 单击"打开"按钮，打开"插入布局"对话框，如图 7-18 所示。

Step 06 单击"确定"按钮，打开新布局，如图 7-19 所示。

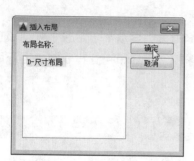

图 7-18 "插入布局"对话框

图 7-19 打开新布局

Step 07 删除蓝色视口边框，如图 7-20 所示。

Step 08 执行"视图"→"视口"→"一个视口"命令，使用鼠标在布局中拖动创建新的视口范围，如图 7-21 所示。

图 7-20 删除视口边框

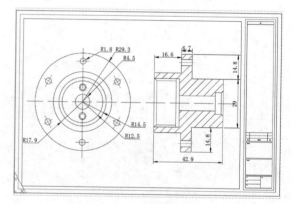

图 7-21 创建视口范围

Step 09 双击视口进入编辑状态，调整图形大小，如图 7-22 所示。

Step 10 然后双击空白处退出编辑状态，即可进行图纸的打印输出，如图 7-23 所示。

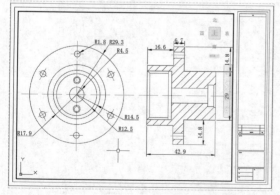

图 7-22 编辑状态

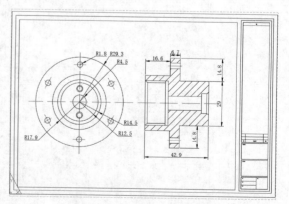

图 7-23 完成图纸的打印输出

7.4 打印图纸

创建完图形之后，通常要将其打印到图纸上。打印的图形可以包含图形的单一视图，或者多个视图排列。根据不同的需要，可以打印一个或多个视口，或设置选项以确定打印的内容和图形在图纸上的位置。

7.4.1 设置打印参数

在打印图形之前需要对打印参数进行设置，如图纸尺寸、打印方向、打印区域、打印比例等。在"打印 - 模型"对话框中可以设置各打印参数，如图 7-24 所示。

用户可以通过以下方式打开"打印 - 模型"对话框。

- 执行"文件"→"打印"命令。
- 在快速访问工具栏单击"打印"按钮 🖶。
- 在"输出"选项卡"打印"面板中单击"打印"按钮。
- 在命令行输入 PLOT 命令并按回车键。

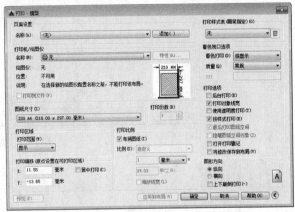

图 7-24 "打印 - 模型"对话框

7.4.2 预览打印

在设置打印参数之后，可以预览设置的打印效果。通过打印效果查看是否符合要求，如果不符合要求再关闭预览进行更改，如果符合要求即可进行打印。

用户可以通过以下方式进行打印预览。

- 执行"文件"→"打印预览"命令。
- 在"输出"选项卡中单击"预览"按钮 🔍。
- 在"打印 - 模型"对话框中设置打印参数后，单击左下角的"预览"按钮。

执行以上操作命令后，AutoCAD 即可进入预览模式，如图 7-25 所示。

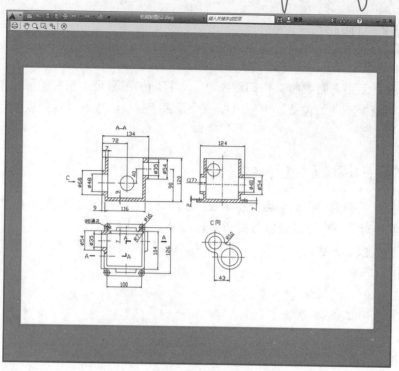

图 7-25　预览模式

知识拓展

　　打印预览是将图形在打印之前，在屏幕上显示打印输出图形后的效果，其主要包括图形线条的线宽、线型和填充图案等。预览后，若需进行修改，则可关闭该视图，进入设置页面再次进行修改。

7.5　网络应用

　　在 AutoCAD 软件中，用户可以通过 Web 浏览器在互联网上预览图纸、为图纸插入超链接、将图纸以电子形式进行打印，并将设计好的图纸发布到 Web 上供用户浏览等。

7.5.1　Web 浏览器应用

　　Web 浏览器是通过 URL 获取并显示 Web 网页的一种软件工具。用户可在 AutoCAD 系统内部直接调用 Web 浏览器进入 Web 网络世界。AutoCAD 中的文件"输入"和"输出"命令都具有内置的互联网支持功能。通过该功能，可以直接从互联网上下载文件，然后就可在 AutoCAD 环境下编辑图形。

　　用"浏览 Web"对话框，可快速定位到要打开或保存文件的特定的互联网位置。指定一个默认互联网网址，每次打开"浏览 Web"对话框时都将加载该位置。如果不清楚正确的 URL，或者不想在每次访问互联网网址时输入冗长的 URL，则可以使用"浏览 Web"对话框方便地访问文件。

此外，在命令行中直接输入 BROWSER 命令并按回车键，根据提示信息也可打开网页。

命令行提示如下：

```
命令：BROWSER
输入网址 (URL) <http://www.autodesk.com.cn>:www.baidu.com
```

7.5.2　超链接管理

超链接就是将 AutoCAD 软件中的图形对象与其他数据、信息、动画、声音等建立链接关系。利用超链接可实现由当前图形对象到关联图形文件的跳转。其链接的对象可以是现有的文件或 Web 页，也可以是电子邮件地址等。

1. 链接文件或网页

执行"插入"→"超链接"命令，在绘图区中，选择要进行链接的图形对象，按回车键后打开"插入超链接"对话框，如图 7-26 所示。

单击"文件"按钮，打开"浏览 Web- 选择超链接"对话框，如图 7-27 所示。在此选择要链接的文件并单击"打开"按钮，返回到上一层对话框，单击"确定"按钮完成链接操作。

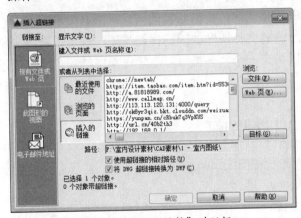

图 7-26　"插入超链接"对话框

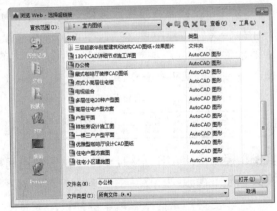

图 7-27　选择需链接的文件

在带有超链接的图形文件中，将光标移至带有链接的图形对象上时，光标右侧则会显示超链接符号，并显示链接文件名称。此时按住 Ctrl 键并单击该链接对象，即可按照链接网址跳转到相关联的文件中。

2. 链接电子邮件地址

执行"插入"→"超链接"命令，在绘图区中选中要链接的图形对象，按回车键后在"插入超链接"对话框中选择左侧"电子邮件地址"选项，其后在"电子邮件地址"文本框中输入邮件地址，并在"主题"文本框中输入邮件消息主题内容，单击"确定"按钮即可，如图 7-28 所示。

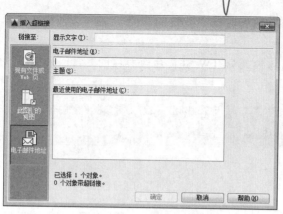

图 7-28　输入邮件相关内容

在打开电子邮件超链接时，默认电子邮件应用程序将创建新的电子邮件消息。在此填好邮件地址和主题，最后输入消息内容并通过电子邮件发送。

7.5.3　电子传递设置

在将图形发送给其他人时，常见的一个问题是忽略了图形的相关文件，如字体和外部参照。在某些情况下，没有这些关联文件将会使接收者无法使用原来的图形。使用电子传递功能，可自动生成包含设计文档及其相关描述文件的数据包，然后将数据包粘贴到 E-mail 的附件中进行发送。这样就大大简化了发送操作，并且保证了发送的有效性。

用户可以将传递集在互联网上发布或作为电子邮件附件发送给其他人，系统将会自动生成一个报告文件，其中传递集包括了文件和必须对这些文件所做处理的详细说明，也可以在报告中添加注释或指定传递集的口令保护。用户可以指定一个文件夹来存放传递集中的各个文件，也可以创建自解压执行文件或 Zip 文件。

综合演练——从图纸空间打印机械图纸

实例路径：实例 /CH07/ 综合演练 / 从图纸空间打印机械图纸 .dwg
视频路径：视频 /CH07/ 从图纸空间打印机械图纸 .avi

为了更好地掌握本章所学的知识，下面将通过练习来巩固前面所学的内容。

在生活和生产实践中，经常运用三视图来描述物体的形状和大小，可以减少工人因读图错误带来的失误。接下来介绍从图纸空间打印机械三视图的操作，具体绘制步骤如下。

Step 01 打开素材文件，在状态栏中单击"布局 1"按钮，打开布局空间，如图 7-29 所示。

Step 02 选择并删除视口边框，即可取消当前视口效果，如图 7-30 所示。

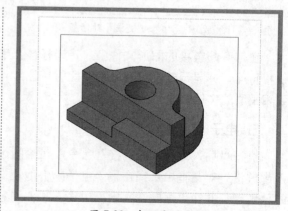

图 7-29　打开布局空间

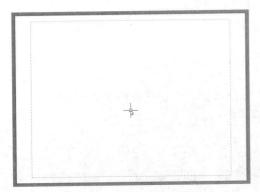

图 7-30　删除视口边框

Step 03 执行"视图"→"视口"→"四个视口"命令，在图纸空间中指定对角点，如图 7-31 所示。

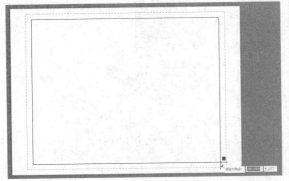

图 7-31　指定对角点

Step 04 单击鼠标左键即可创建四个视口，如图 7-32 所示。

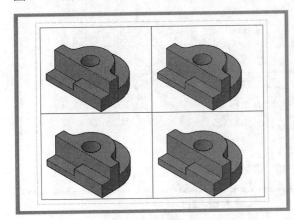

图 7-32　创建视口

Step 05 双击一个视口进入编辑状态，如图 7-33 所示。

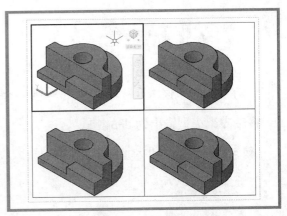

图 7-33　编辑视口

Step 06 调整图形大小，然后双击空白处退出编辑状态，如图 7-34 所示。

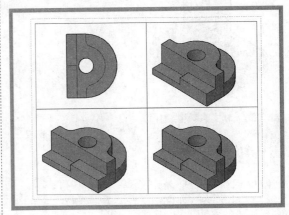

图 7-34　调整图形

Step 07 按照同样的方法，调整其余视口，如图 7-35 所示。

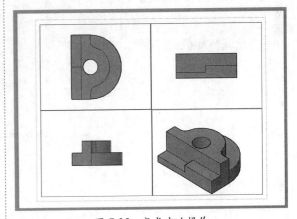

图 7-35　完成本次操作

 上机操作

为了更好地掌握本章所学的知识，在此列举几个拓展案例，以供读者练习。

1. 将轴支架模型输出为 JPG 格式

利用本章所学的知识，将轴支架模型输出为 JPG 格式，如图 7-36、图 7-37 所示。

图 7-36 轴支架模型文件

图 7-37 转化为 JPG 格式

⚠ **操作提示：**

Step 01 执行"文件"→"打印"命令，打开"打印－模型"对话框，并设置其参数。

Step 02 选择打印窗口，框选打印对象，将其保存为 JPG 格式，完成本次操作。

2. 从图纸空间打印机械三视图

使用"视图"→"视口"命令，为图纸空间打印机械三视图，如图 7-38 所示。

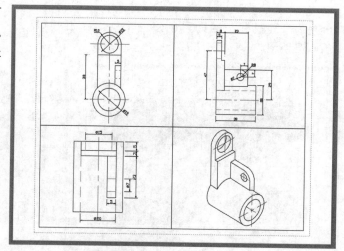

图 7-38 打印机械三视图

⚠ **操作提示：**

Step 01 打开布局空间，选择并删除视口边框。

Step 02 执行"视图"→"视口"→"四个视口"命令，双击一个视口进入编辑状态，调整图形大小，完成打印机械三视图的操作。

第8章

创建三维机械模型

本章将介绍如何创建三维机械模型，AutoCAD 软件不仅具有强大的二维绘图功能，而且还具备较强的三维绘图功能。软件提供了绘制多段体、长方体、球体、圆柱体、圆锥体等基本几何实体的命令，也可通过对二维轮廓图形进行拉伸、旋转、扫掠创建三维实体。

知识要点

▲ 三维绘图环境

▲ 创建三维实体模型

▲ 二维图形生成三维实体

8.1 三维绘图环境

利用 AutoCAD 软件不仅能够绘制二维图形，还可以绘制三维图形，要掌握三维绘图的操作，需熟悉三维空间的设置。通过下面的学习，用户可以了解到相关操作技巧。

8.1.1 三维建模空间

如果需要创建三维模型或者使用三维坐标系，首先要将工作空间设置为三维建模空间，用户可以通过以下方式设置三维建模空间。

● 执行 "工具" → "工作空间" → "三维建模" 命令，如图 8-1 所示。

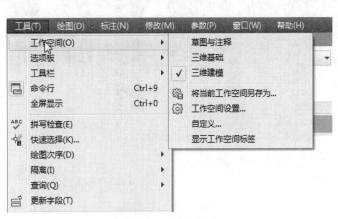

图 8-1 菜单栏命令

● 在状态栏的右侧单击"切换工作空间"按钮，在弹出的列表中选择"三维建模"选项，如图 8-2 所示。

● 在命令行输入 WSCURRENT 命令并按回车键。

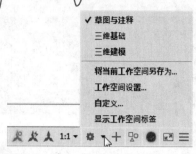

图 8-2　单击"切换工作空间"按钮

8.1.2　三维视图

在绘制三维模型时需要通过不同的视图观察模型每个角度，在 AutoCAD 软件中提供了多种三维视图样式，比如俯视、左视、右视、前视、后视等。用户可以通过以下方式设置三维视图。

● 执行"视图"→"三维视图"命令的子命令。

● 在"常用"选项卡"坐标"面板中单击"命令 UCS 组合框控制"列表框，从中进行相应的选择。

● 在绘图区中单击视图控件图标，并进行相应的选择。

8.1.3　三维视觉样式

在三维建模工作空间中，用户可以使用不同的视觉样式观察三维模型。不同的视觉样式具有不同的效果，如果需要观察不同的视图样式，首先要设置视觉样式，用户可以通过以下方式设置视觉样式。

● 执行"视图"→"视觉样式"命令，如图 8-3 所示。

● 在"常用"选项卡"视图"面板中单击"视觉样式"列表框，如图 8-4 所示。

● 在"视图"选项卡"选项板"面板中单击"视觉样式"按钮，在弹出的"视觉样式管理器"面板中设置视觉样式，如图 8-5 所示。

 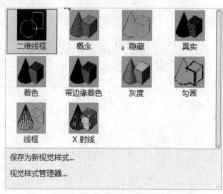 

图 8-3　菜单列表　　　　图 8-4　功能区列表　　　　图 8-5　"视觉样式管理器"面板

在 AutoCAD 软件中提供了二维线框、概念、隐藏、真实、着色、带边缘着色、灰度、勾画、线框和 X 射线等几种视觉样式。下面将进行具体介绍。

1. 二维线框样式

在三维建模工作空间中，通常二维线框是默认的视觉样式。在该模式中光栅和嵌入对象、线型及线宽均为可见，如图 8-6 所示。

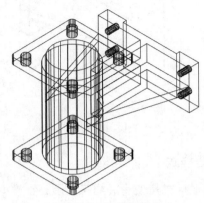

图 8-6　二维线框样式

2. 概念样式

概念样式是显示三维模型着色后的效果，该样式可将模型的边进行平滑处理，如图 8-7 所示。

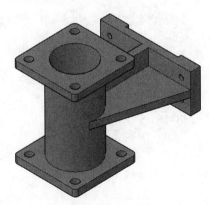

图 8-7　概念样式

3. 隐藏样式

在三维建模中，为了解决复杂模型元素的干扰，利用隐藏样式可以隐藏实体后面的图形，方便绘制和修改图形，如图 8-8 所示。

4. 真实样式

真实样式和概念样式相同，均显示三维模型着色后的效果，并添加平滑的颜色过渡效果，

且显示模型的材质效果，如图 8-9 所示。

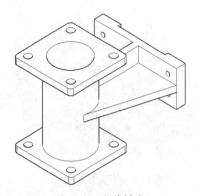

图 8-8　隐藏样式

图 8-9　真实样式

5. 着色样式

着色样式是模型进行平滑着色的效果，如图 8-10 所示。

图 8-10　着色样式

6. 带边缘着色样式

带边缘着色样式是在对模型进行平滑着色的基础上显示边的效果，如图 8-11 所示。

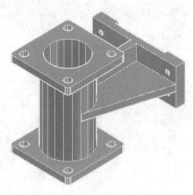

图 8-11　带边缘着色样式

7. 灰度样式

灰度样式是将模型更改为灰度显示模型，更改完成的模型将显示为灰色，如图8-12所示。

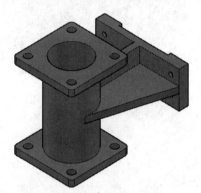

图 8-12　灰度样式

8. 勾画样式

勾画样式通过使用直线和曲线表示边界的方式显示对象，看上去像是勾画出的效果，如

图 8-13 所示。

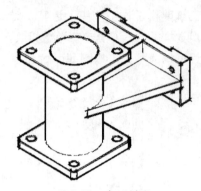

图 8-13　勾画样式

9. 线框样式

线框样式是使用线框来显示三维模型，视觉上与二维线框样式的效果相同。

10. X 射线样式

X 射线样式将模型面更改为部分透明，如图 8-14 所示。

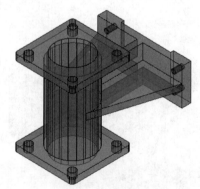

图 8-14　X 射线样式

8.2　创建三维实体模型

在 AutoCAD 图形中，可以创建的三维实体模型包括长方体、圆柱体、楔体、球体、圆环、棱锥体、多段体等。下面将介绍这些命令的操作方法。

8.2.1　创建长方体

长方体在三维建模中应用最为广泛，创建长方体时底面总与 XY 面平行。用户可以通过以下方式调用创建"长方体"命令。

● 执行"绘图"→"建模"→"长方体"命令。
● 在"常用"选项卡"建模"面板中单击"长方体"按钮 ▢。
● 在"实体"选项卡"图元"面板中单击"长方体"按钮。
● 在命令行输入 BOX 命令并按回车键。

在"常用"选项卡的"建模"面板中单击"长方体"按钮，根据命令行中提示的信息，先指定长方体底面长方形的长和宽，然后再指定长方体高度值，按回车键即可创建长方体，如图 8-15、图 8-16 所示。

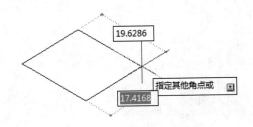

图 8-15 指定角点

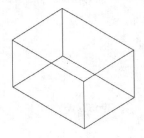

图 8-16 创建长方体效果

命令行提示如下：

```
命令：_box
指定第一个角点或 [中心(C)]：
指定其他角点或 [立方体(C)/长度(L)]：
指定高度或 [两点(2P)]：
```

✍ 绘图技巧

在创建长方体时也可以直接将视图更改为西南等轴测、东南等轴测、东北等轴测、西北等轴测等视图，然后任意指定点和高度，这样方便观察效果。

8.2.2 创建圆柱体

圆柱体是以圆或椭圆为横截面，通过拉伸横截面形状，创建出来的三维基本模型。用户可以通过以下方式调用"圆柱体"命令。

● 执行"绘图"→"建模"→"圆柱体"命令。
● 在"常用"选项卡"建模"面板中单击"圆柱体"按钮 ▢。
● 在"实体"选项卡"图元"面板中单击"圆柱体"按钮。
● 在命令行输入 CYLINDER 命令并按回车键。

利用该命令创建圆柱体后，命令行提示如下：

```
命令：_cylinder
指定底面的中心点或 [三点(3P)/两点(2P)/切点、切点、半径(T)/椭圆(E)]：
```

```
指定底面半径或 [直径(D)] <80.0000→: 80
指定高度或 [两点(2P)/轴端点(A)] <200.0000→: 180
```

执行"绘图"→"建模"→"圆柱体"命令，根据命令行提示，指定圆柱体底面中点，输入底面半径，再输入柱体高度即可完成圆柱体的绘制，如图 8-17、图 8-18 所示为圆柱体和椭圆柱体。

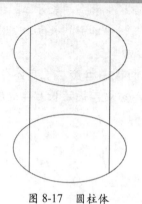

图 8-17 圆柱体

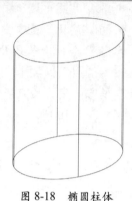

图 8-18 椭圆柱体

8.2.3 创建楔体

楔体是一个三角形的实体模型，其绘制方法与长方体相似。用户可以通过以下方式调用"楔体"命令。

- 执行"绘图"→"建模"→"楔体"命令。
- 在"常用"选项卡"建模"面板中单击"楔体"按钮。
- 在"实体"选项卡"图元"面板中单击"楔体"按钮。
- 在命令行输入 WEDGE 命令并按回车键。

利用该命令创建楔体后，命令行提示如下：

```
命令: _wedge
指定第一个角点或 [中心(C)]:
指定其他角点或 [立方体(C)/长度(L)]:
指定高度或 [两点(2P)] <216.7622→:200
```

执行"绘图"→"建模"→"楔体"命令，根据命令行提示，指定楔体底面方形起点，指定方形长、宽值，其后指定楔体高度值即可完成绘制，如图 8-19 所示。

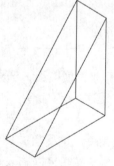

图 8-19 楔体

8.2.4 创建球体

在 AutoCAD 中，用户可以通过以下方式调用"球体"命令。

- 执行"绘图"→"建模"→"球体"命令。
- 在"常用"选项卡"建模"面板中单击"球体"按钮。
- 在"实体"选项卡"图元"面板中单击"球体"按钮。
- 在命令行输入 SPHERE 命令并按回车键。

利用该命令创建球体后，命令行提示如下：

命令：_sphere
指定中心点或 [三点(3P)/两点(2P)/切点、切点、半径(T)]：
指定半径或 [直径(D)] <200.0000→：

执行"绘图"→"建模"→"球体"
命令，在绘图区指定球体的中心点并指
定半径即可完成球体的绘制，如图 8-20
所示。

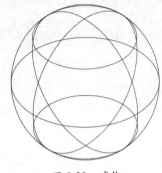

图 8-20　球体

8.2.5　创建圆环

大多数情况下，圆环可以作为三维模型中的装饰材料，应用也非常广泛。用户可以通过以下方式调用"圆环"命令。

- 执行"绘图"→"建模"→"圆环"命令。
- 在"常用"选项卡"建模"面板中单击"圆环"按钮。
- 在命令行输入 TOR 命令并按回车键。

根据命令行提示指定圆环的中心点，再指定圆环的半径，如图 8-21、图 8-22 所示。

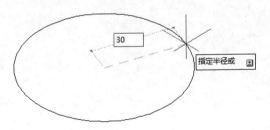

图 8-21　指定圆环半径

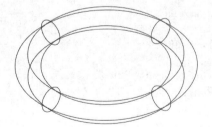

图 8-22　创建圆环效果

8.2.6　创建棱锥体

棱锥体的底面为多边形，由底面多边形拉伸出的图形为三角形，它们的顶点为共同点。用

户可以通过以下方式调用"棱锥体"命令。

- 执行"绘图"→"建模"→"棱锥体"命令。
- 在"常用"选项卡"建模"面板中单击"棱锥体"按钮。
- 在"实体"选项卡"图元"面板中单击"多段体"的下拉按钮，在弹出的列表中单击"棱锥体"按钮。
- 在命令行输入 TORUS 命令并按回车键。

利用该命令创建棱锥体后，命令行提示如下：

```
命令：_torus
指定中心点或 [三点(3P)/两点(2P)/切点、切点、半径(T)]:
指定半径或 [直径(D)] <133.3616→: 100
指定圆管半径或 [两点(2P)/直径(D)]: 15
```

在"常用"选项卡的"建模"面板中单击"棱锥体"按钮，根据提示指定任意一点，再根据提示输入底面半径 100mm，按回车键后，向上移动鼠标，根据提示输入高度 300mm，再次按回车键，完成棱锥体的绘制，如图 8-23、图 8-24 所示。

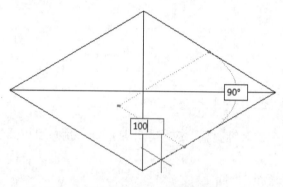

图 8-23 输入底面半径

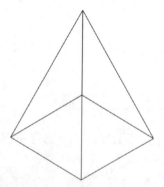

图 8-24 创建棱锥体效果

利用该命令创建棱锥体后，命令行提示如下：

```
命令： PYRAMID
 4 个侧面 外切
指定底面的中心点或 [边(E)/侧面(S)]: s
输入侧面数 <4→: 4
指定底面的中心点或 [边(E)/侧面(S)]:
指定底面半径或 [内接(I)] <353.5534→:100
指定高度或 [两点(2P)/轴端点(A)/顶面半径(T)] <550.0000→:300
```

8.2.7 创建多段体

多段体的应用也十分广泛，可以利用多段体来创建墙体，也可以创建不规则的矩形轮廓。用户通过以下方式可以调用"多段体"命令。

- 执行"绘图"→"建模"→"多段体"命令。
- 在"常用"选项卡"建模"面板中单击"多段体"按钮。

- 在"实体"选项卡"图元"面板中单击"多段体"按钮。
- 在命令行输入 POLYSOLID 命令并按回车键。

在创建多段体之后，命令行提示如下：

命令：_Polysolid 高度 = 80.0000，宽度 = 5.0000，对正 = 居中
指定起点或 [对象(O)/高度(H)/宽度(W)/对正(J)] <对象→：
指定下一个点或 [圆弧(A)/放弃(U)]：100
指定下一个点或 [圆弧(A)/放弃(U)]：600
指定下一个点或 [圆弧(A)/闭合(C)/放弃(U)]：300
指定下一个点或 [圆弧(A)/闭合(C)/放弃(U)]：400
指定下一个点或 [圆弧(A)/闭合(C)/放弃(U)]：200
指定下一个点或 [圆弧(A)/闭合(C)/放弃(U)]：

执行"绘图"→"建模"→"多段体"命令，设置多段体的高度、宽度及对正方式，指定起点、转折点及终点即可完成多段体的绘制，如图 8-25 所示。

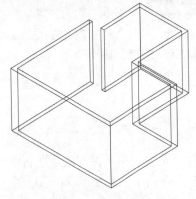

图 8-25　创建多段体效果

8.3 二维图形生成三维实体

在三维建模工作空间中，用户可以通过拉伸、放样、旋转、扫掠和按住并拖动等命令创建三维模型。本节将对其相关知识进行介绍。

8.3.1 拉伸实体

使用"拉伸"命令，可以创建各种沿指定的路径拉伸出的实体，用户可以通过以下方式调用"拉伸"命令。

- 执行"绘图"→"建模"→"拉伸"命令。
- 在"常用"选项卡"建模"面板中单击"拉伸"按钮📕。
- 在"实体"选项卡"实体"面板中单击"拉伸"按钮。
- 在命令行输入 EXTRUDE 命令并按回车键。

任意绘制一个圆，执行"拉伸"命令，根据命令行提示，选择拉伸图形，按回车键，移动鼠标输入拉伸高度值即可拉伸，如图 8-26、图 8-27 所示。

图 8-26　选择图形

图 8-27　拉伸效果

8.3.2　放样实体

放样是通过指定两条或两条以上的横截面曲线来生成实体，放样的横截曲面需要和第一个横截曲面在同一平面上，用户可以通过以下方式调用"放样"命令。

- 执行"绘图"→"建模"→"放样"命令。
- 在"常用"选项卡"建模"面板中单击"放样"按钮。
- 在"实体"选项卡"实体"面板中单击"放样"按钮。

绘制同心圆如图 8-28 所示，执行"放样"命令，根据命令行提示依次选择圆形作为横截面，按回车键后设置精度值为 8，再执行"视图"→"全部重生成"命令，效果如图 8-29 所示。

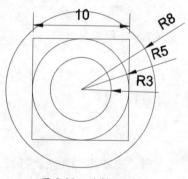

图 8-28　绘制同心圆

图 8-29　放样效果

8.3.3　旋转实体

旋转是将创建的二维闭合图形通过指定的旋转轴进行旋转，构建三维实体。用户可以通过以下方式调用"旋转"操作。

- 执行"绘图"→"建模"→"旋转"命令。
- 在"常用"选项卡"建模"面板中单击"旋转"按钮。
- 在"实体"选项卡"实体"面板中单击"旋转"按钮。
- 在命令行输入 REVOLVE 命令并按回车键。

执行"旋转"命令后，根据命令行提示，选择二维横截面图形，按回车键，选择旋转轴，并输入旋转角度，按回车键，完成旋转拉伸操作。

知识拓展

用于旋转的二维图形可以是多边形、圆、椭圆、封闭多段线、封闭样条曲线、圆环以及封闭区域，并且每次只能旋转一个对象。但三维图形、包含在块中的对象、有交叉或自干涉的多段线不能被旋转。

实战——创建皮带轮模型

下面将绘制一个皮带轮模型，通过学习本案例，使读者能够熟练掌握在 AutoCAD 中"拉伸""阵列""差集"等命令的操作方法，操作步骤如下。

Step 01 启动 AutoCAD 软件，新建图形文件，将其保存为"皮带轮"文件，执行"绘图"→"构造线"命令，绘制两条垂直的构造线，如图 8-30 所示。

Step 02 执行"绘图"→"圆"命令，以构造线的交点为圆心绘制半径 10mm、20mm、30mm、40mm 和 50mm 的同心圆，如图 8-31 所示。

Step 03 执行"绘图"→"圆"命令，以半径为 30mm 的圆和垂直构造线的交点为圆心，绘制一个半径为 5mm 的圆，如图 8-32 所示。

图 8-30　绘制构造线　　　　　图 8-31　绘制同心圆　　　　　图 8-32　绘制圆

Step 04 执行"修改"→"阵列"→"环形阵列"命令，选择阵列对象，如图 8-33 所示。

Step 05 根据命令行提示指定阵列中心，设置项目数为 6，其余参数保持不变，如图 8-34 所示。

Step 06 删除构造线，将视图控件转化为"西南等轴测"视图，如图 8-35 所示。

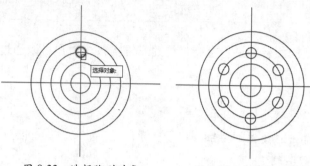

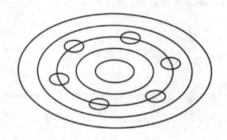

图 8-33 选择阵列对象　　　　图 8-34 设置阵列参数　　　　图 8-35 切换视图

Step 07 视觉样式控件转化为"概念"。在"常用"选项卡的"建模"面板中单击"拉伸"按钮，将半径为 5mm 和 50mm 的圆向下拉伸 50mm，如图 8-36 所示。

Step 08 将阵列后的图形进行分解。执行"修改"→"实体编辑"→"差集"命令，将 6 个小圆柱体与其他实体进行差集操作，如图 8-37 所示。

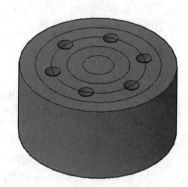

图 8-36 拉伸图形　　　　　　　　　图 8-37 差集图形

Step 09 视觉样式控件转化为"二维线框"，执行"绘图"→"建模"→"拉伸"命令，将半径为 40mm 的圆图形向下拉伸 10mm，如图 8-38 所示。

Step 10 执行"修改"→"镜像"命令，将刚拉伸出来的圆柱复制到另一端，如图 8-39 所示。

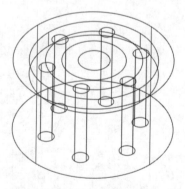

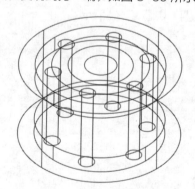

图 8-38 拉伸图形　　　　　　　　图 8-39 镜像复制图形

Step 11 执行"修改"→"实体编辑"→"差集"命令，将复制后的两个圆柱体与其他实体进行差集操作，如图 8-40 所示。

Step 12 在"常用"选项卡的"建模"面板中单击"拉伸"按钮，将半径为 10mm 和 20mm 的圆图形向下拉伸 50mm，如图 8-41 所示。

Step 13 执行"修改"→"实体编辑"→"差集"命令，将刚拉伸的两个圆柱体进行差集操作，完成皮带轮模型的绘制，如图 8-42 所示。

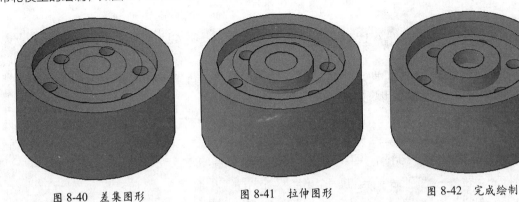

图 8-40　差集图形　　　　　图 8-41　拉伸图形　　　　　图 8-42　完成绘制

8.3.4　扫掠实体

扫掠实体是指将需要扫掠的横截面按指定路径进行实体或曲面的拉伸操作，如果扫掠多个对象，则这些对象必须处于同一平面上，扫掠图形性质取决于路径是封闭还是开放的，若路径处于开放，扫掠的图形则是曲线；若是封闭，扫掠的图形则为实体。

用户可以通过以下方式调用"扫掠"命令。

- 执行"绘图"→"建模"→"扫掠"命令。
- 在"常用"选项卡"建模"面板中单击"扫掠"按钮。
- 在"实体"选项卡"实体"面板中单击"扫掠"按钮。
- 在命令行输入 SWEEP 命令并按回车键。

绘制矩形图形，执行"扫掠"命令，并选择矩形，按回车键，指定扫掠路径即可生成扫掠实体。更改视觉样式为"灰度"样式，即可预览灰度样式效果，如图 8-43、图 8-44 所示。

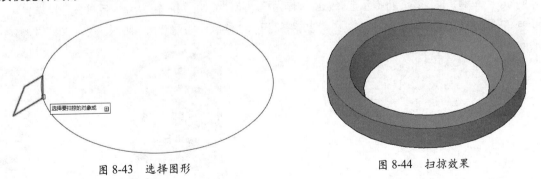

图 8-43　选择图形　　　　　　　　　　图 8-44　扫掠效果

8.3.5　按住并拖动

按住并拖动也是拉伸实体的一种方法，通过指定二维图形，从而进行拉伸操作。用户可以通过以下方式调用"按住并拖动"命令。

- 在"常用"选项卡"建模"面板中单击"按住并拖动"按钮🏠。
- 在"实体"选项卡"实体"面板中单击"按住并拖动"按钮。
- 在命令行输入 SWEEP 命令并按回车键。

实战——创建弹簧模型

下面将绘制一个弹簧模型。通过学习本案例，使读者能够熟练掌握在 AutoCAD 中"扫掠""螺旋"等命令的绘制方法，操作步骤如下。

Step 01 启动 AutoCAD 2016 软件，新建图形文件，将其保存为"弹簧"文件，将视图控件转化为"西南等轴测"，视觉样式控件为"二维线框"。执行"绘图"→"螺旋"命令，根据命令行提示设置底面直径为 35mm，顶面直径为 35mm，圈数为 10，圈高为 6，如图 8-45 所示。

Step 02 执行"绘图"→"圆"命令，绘制一个半径为 1mm 的圆，如图 8-46 所示。

Step 03 执行"绘图"→"建模"→"扫掠"命令，选择圆形，如图 8-47 所示。

图 8-45　绘制螺旋

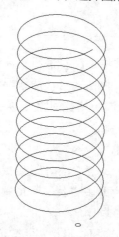

图 8-46　绘制圆

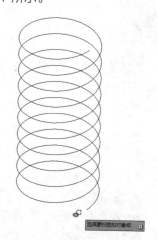

图 8-47　选择扫掠对象

Step 04 按回车键，根据命令行提示选择螺旋线作为扫掠路径，如图 8-48 所示，完成扫掠操作。

Step 05 将视觉样式控件转化为"概念"，完成弹簧模型的绘制，如图 8-49 所示。

图 8-48　选择扫掠路径

图 8-49　完成操作

综合演练——创建螺栓模型

实例路径：实例 /CH08/ 综合演练 / 创建螺栓模型 .dwg
视频路径：视频 /CH08/ 创建螺栓模型 .avi

为了更好地掌握三维模型的创建方法，接下来练习制作案例，以实现对所学内容的温习巩固。下面具体介绍创建螺栓模型的方法，其中主要运用到的三维命令包括"圆柱体""扫掠"等。

Step 01 启动 AutoCAD 软件，新建空白文档，将其保存为"螺栓"文件，将视图控件转化为"西南等轴测"视图，将视觉样式控件转化为"概念"，执行"绘图"→"建模"→"圆柱体"命令，绘制半径为 6mm、高为 65mm 的圆柱体，执行"三维旋转"命令，将圆柱体以 X 轴为旋转轴，旋转 90°，如图 8-50 所示。

Step 02 执行"绘图"→"正多边形"命令，捕捉圆柱体顶面圆的圆心，绘制半径为 12mm 的外切于圆的正多边形，如图 8-51 所示。

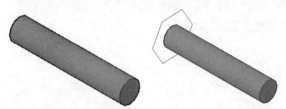

图 8-50　绘制圆柱体　　图 8-51　绘制正多边形

Step 03 执行"绘图"→"建模"→"拉伸"命令，拉伸正多边形高度为 10mm，如图 8-52 所示。

Step 04 执行"修改"→"实体编辑"→"圆角边"命令，根据命令行提示，设置半径为 2mm，对正多边形进行圆角边操作，如图 8-53 所示。

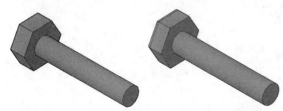

图 8-52　拉伸图形　　图 8-53　圆角边操作

Step 05 执行"绘图"→"螺旋"命令，根据命令

行提示，绘制底面半径为 6mm、圈数为 10、圈高为 35mm 的螺旋，如图 8-54 所示。

Step 06 将视图控件转化为"俯视图"，执行"绘图"→"直线"命令，绘制图形，如图 8-55 所示。

图 8-54　绘制螺旋　　图 8-55　绘制图形

Step 07 将视图控件转化为"西南等轴测"视图，执行"绘图"→"建模"→"扫掠"命令，选择二维图形，如图 8-56 所示。

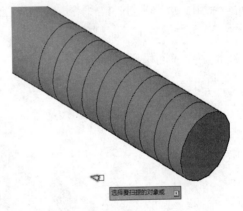

图 8-56　选择扫掠对象

Step 08 按回车键，根据命令行提示，选择扫掠路径，完成螺栓模型的绘制，如图 8-57 所示。

图 8-57　完成操作

为了让读者能够更好地掌握本章所学的知识，在本小节列举几个拓展案例，以供读者练习。

1. 绘制扳手模型

利用"圆""正多边形""拉伸"等命令绘制如图 8-58 所示的扳手模型。

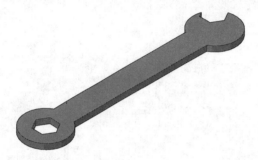

图 8-58　绘制扳手模型

⚠ **操作提示：**

Step 01 利用"圆""正多边形""修剪"等命令绘制扳手的二维图形。

Step 02 利用"面域""拉伸"命令，给扳手二维图形创建一个面域，并拉伸图形。

Step 03 利用"差集"命令，删减掉多余的面，即可完成扳手模型的绘制。

2. 绘制底座表面模型

绘制如图 8-59 所示的底座表面。

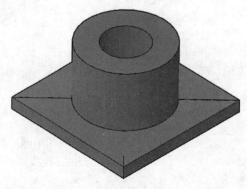

图 8-59　绘制底座表面模型

⚠ **操作提示：**

Step 01 利用"长方体""圆柱体"命令绘制模型轮廓。

Step 02 利用"差集"命令，删减掉多余的模型，即可完成底座表面模型的绘制。

第**9**章

编辑三维机械模型

本章将介绍如何编辑三维机械模型，在 AutoCAD 软件中，用户不仅可以创建基本的三维模型，还可以将二维图形生成三维模型，并对三维模型进行编辑，从而绘制出更为复杂的模型。通过对这些内容的学习，用户可以熟悉编辑三维模型的基本操作，掌握渲染三维模型的方法与技巧。

知识要点

▲ 编辑三维实体　　　　　　　　　　▲ 设置材质和贴图
▲ 修改三维实体　　　　　　　　　　▲ 设置光源效果
▲ 渲染三维模型

9.1　编辑三维实体

在对三维图形操作中，可以像二维图形一样对三维实体进行移动、旋转、对齐、镜像、阵列等编辑操作。本节将对这些命令的使用方法和技巧进行介绍。

9.1.1　三维移动

使用移动工具可以将三维对象按照指定的位置进行移动，在 AutoCAD 软件中，用户可以通过以下方式调用"三维移动"命令。

● 执行"修改"→"三维操作"→"三维移动"命令。

● 在"常用"选项卡"修改"面板中单击"三维移动"按钮 ⊕。

● 在命令行输入 3DMOVE 命令并按回车键。

执行"修改"→"三维操作"→"三维移动"命令，根据提示选择并移动模型，即可完成操作，如图 9-1、图 9-2 所示为移动前后的效果。

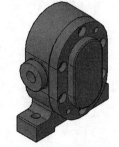
图 9-1　移动之前的效果

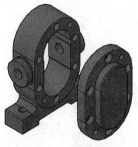
图 9-2　移动之后的效果

9.1.2 三维旋转

三维旋转可以将指定的三维对象按照指定的角度围绕三维空间定义轴旋转，用户可以通过以下方式调用"三维旋转"命令。

- 执行"修改"→"三维操作"→"三维旋转"命令。
- 在"常用"选项卡"修改"面板中单击"三维旋转"按钮⊕。
- 在命令行输入 3DROTATE 命令并按回车键。

执行"修改"→"三维操作"→"三维旋转"命令，根据提示选择所需模型，按回车键，指定好旋转基点以及旋转轴，输入旋转角度，即可完成三维旋转操作，如图 9-3、图 9-4 所示为旋转前后的效果。

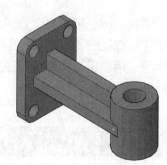

图 9-3 旋转前效果　　　　图 9-4 旋转后效果

9.1.3 三维对齐

"三维对齐"命令是将三维实体按照指定的点进行对齐操作，用户可以通过以下操作调用"三维对齐"命令。

- 执行"修改"→"三维操作"→"三维对齐"命令。
- 在"常用"选项卡"修改"面板中单击"三维对齐"按钮。
- 在命令行输入 3DALIGN 命令并按回车键。

执行"三维对齐"命令后，根据提示，选择实体模型，指定好对齐的基点，按回车键，再指定要对齐到的三维实体上的基点，即可完成三维对齐操作。

9.1.4 三维镜像

三维镜像是指将三维模型按照指定的三个点进行镜像，用户可以通过以下方式调用"三维镜像"命令。

- 执行"修改"→"三维操作"→"三维镜像"命令。
- 在"常用"选项卡"修改"面板中单击"三维镜像"按钮。
- 在命令行输入 MIRROR3D 命令并按回车键。

执行"三维镜像"命令后，根据提示，选择所需模型，按回车键，选择镜像平面上的点，在打开的提示列表中，选择是否删除源对象，然后按回车键完成三维镜像操作。

9.1.5　三维阵列

三维阵列是指将指定的三维模型按照一定的规则进行阵列，在三维建模工作空间中，阵列三维对象分为矩形阵列和环形阵列。用户可以利用以下方式调用阵列命令。

- 执行"修改"→"三维操作"→"三维阵列"命令。
- 在"常用"选项卡"修改"面板中单击"三维阵列"按钮。
- 在命令行输入 3DARRAY 命令并按回车键。

执行"修改"→"三维操作"→"三维阵列"命令，根据提示选择阵列模型，其后根据相关类型设置阵列参数，即可完成相关阵列操作，如图 9-5 所示为矩形阵列效果，图 9-6 所示为环形阵列的效果。

图 9-5　矩形阵列效果　　　　　　　　图 9-6　环形阵列效果

9.1.6　编辑三维实体边

在 AutoCAD 软件中，用户可对三维实体边进行编辑，例如压印边、着色边、复制边等。下面将分别对其操作方法进行介绍。

1. 压印边

压印边是在选定的图形对象上压印一个图形对象。压印对象包括圆弧、圆、直线、二维和三维多段线、椭圆、样条曲线、面域、体和三维实体。执行"修改"→"实体编辑"→"压印边"命令，根据命令行提示，分别选择三维实体和需要压印图形的对象，其后选择是否删除源对象即可。

命令行提示如下：

```
命令: _imprint
选择三维实体或曲面:
选择要压印的对象:
是否删除源对象 [是(Y)/否(N)] <N→: y
选择要压印的对象:
```

下面介绍压印边的操作方法。

打开素材文件，执行"修改"→"实体编辑"→"压印边"命令，根据命令行提示先选择六棱柱体，再选择圆柱体，根据提示输入 Y，这里删除源对象，按回车键完成压印边的操作，如图 9-7、图 9-8 所示。

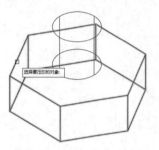

图 9-7 选择三维实体

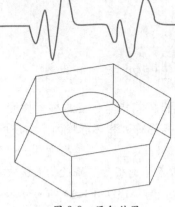

图 9-8 压印效果

2. 着色边

着色边主要用于更改模型边线的颜色。执行"修改"→"实体编辑"→"着色边"命令，根据命令行提示，选择需要更改的模型边线，然后在"选择颜色"对话框中选择所需的颜色即可。

命令行提示如下：

```
命令: _solidedit
实体编辑自动检查: SOLIDCHECK=1
输入实体编辑选项 [面(F)/边(E)/体(B)/放弃(U)/退出(X)] <退出→: _edge
输入边编辑选项 [复制(C)/着色(L)/放弃(U)/退出(X)] <退出→: _color
选择边或 [放弃(U)/删除(R)]:
选择边或 [放弃(U)/删除(R)]:
选择边或 [放弃(U)/删除(R)]:
选择边或 [放弃(U)/删除(R)]:
输入边编辑选项 [复制(C)/着色(L)/放弃(U)/退出(X)] <退出→:
实体编辑自动检查: SOLIDCHECK=1
输入实体编辑选项 [面(F)/边(E)/体(B)/放弃(U)/退出(X)] <退出→:
```

打开素材文件，执行"修改"→"实体编辑"→"着色边"命令，根据提示选择三维实体，按回车键后打开"选择颜色"对话框，从中选择合适的颜色，单击"确定"按钮，设置完成后按两次回车键即可完成操作，如图 9-9、图 9-10 所示。

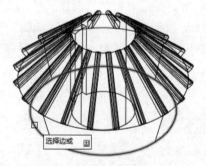

图 9-9 选择边

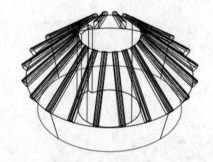

图 9-10 着色边效果

3. 复制边

复制边用于复制三维模型的边，其操作对象包括直线、圆弧、圆、椭圆以及样条曲线。用户只需执行"修改"→"实体编辑"→"复制边"命令，根据命令行提示选择要复制的模型边，指定复制基点，再指定新的基点即可。

打开素材文件，执行"修改"→"实体编辑"→"复制边"命令，根据提示选择三维实体边，按回车键后移动鼠标，单击鼠标左键指定第二个基点，设置完成后按两次回车键即可完成操作，如图9-11、图9-12所示。

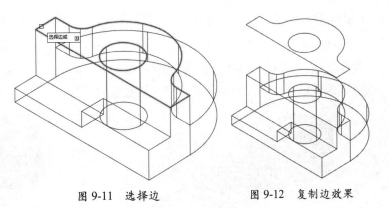

图 9-11　选择边　　　　图 9-12　复制边效果

9.1.7　编辑三维实体面

除了可对实体进行倒角、阵列、镜像、旋转等操作外，AutoCAD还专门提供了编辑实体模型表面、棱边以及体的命令。对于面的编辑，提供了拉伸面、移动面、偏移面、复制面、删除面这几种命令，下面将分别进行介绍。

1. 拉伸面

拉伸面是将选定的三维模型面拉伸到指定的高度或者沿路径拉伸，一次可选择多个面进行拉伸。执行"修改"→"实体编辑"→"拉伸面"命令，根据命令行提示选择所需要拉伸的模型面，输入拉伸高度值，或者选择拉伸路径即可进行拉伸操作，如图9-13、图9-14所示。

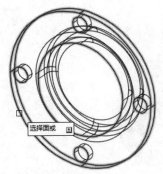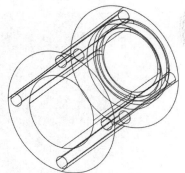

图 9-13　选择模型面　　　　图 9-14　拉伸面效果

2. 移动面

移动面是将选定的面沿着指定的高度或距离进行移动，当然一次可以选择多个面进行移动。执行"修改"→"实体编辑"→"移动面"命令，根据命令行提示选择所需要移动的三维实体面，指定移动基点，然后再指定新的基点即可，如图9-15、图9-16所示。

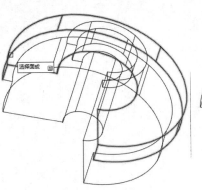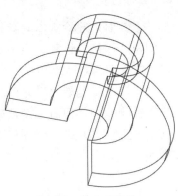

图 9-15　选择三维模型面　　　　图 9-16　移动面效果

171

3. 偏移面

偏移面则是按指定距离或通过指定的点，将面进行偏移。如果值为正值，则增大实体体积；如果是负值，则缩小实体体积。执行"常用"→"实体编辑"→"偏移面"命令，根据命令提示，选择要偏移的面，并输入偏移距离即可完成操作，如图9-17、图9-18所示。

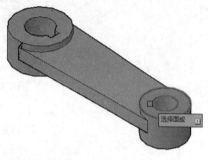

图 9-17　选择偏移的面　　　　　　　　　图 9-18　偏移面效果

4. 复制面

复制面是将选定的实体面进行复制操作。执行"常用"→"实体编辑"→"复制面"命令，选中所需复制的实体面，并指定复制基点，其后指定新基点即可，如图9-19、图9-20所示。

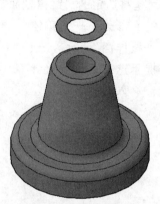

图 9-19　选择复制面　　　　　　　　　图 9-20　完成复制操作

5. 删除面

删除面是删除实体的圆角或倒角面，使其恢复至原来基本实体模型。执行"常用"→"实体编辑"→"删除面"命令，选择要删除的倒角面，按回车键即可完成，如图9-21、图9-22所示。

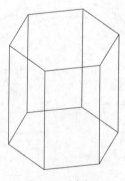
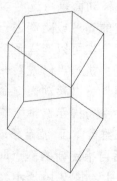

图 9-21　选择面　　　　　　　　图 9-22　完成删除操作

9.1.8 布尔运算

布尔运算包括并集、差集、交集 3 种布尔值。利用布尔值可以将两个或两个以上的图形以加减方式结合成新的实体。

1. 实体并集

并集是指将两个或者两个以上的实体模型进行并集操作。利用"并集"命令可以将所有实体结合为一体，没有相重合的部分，用户可以通过以下方式调用"并集"命令。

- 执行"修改"→"实体编辑"→"并集"命令。
- 在"常用"选项卡"实体编辑"面板中单击"并集"按钮 ◎◎。
- 在"实体"选项卡"布尔值"面板中单击"并集"按钮。
- 在命令行输入 UNION 命令并按回车键。

执行"并集"命令后，根据提示，选择要并集的实体模型，按回车键即可完成实体并集操作。

如图 9-23、图 9-24 所示为用并集运算命令创建复合体对象的结果。

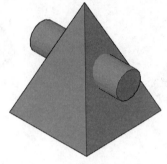

图 9-23 实体对象

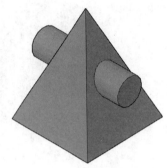

图 9-24 并集效果

2. 实体差集

差集是指从一个或多个实体中减去指定实体的若干部分，用户可以通过以下方式调用"差集"命令。

- 执行"修改"→"实体编辑"→"差集"命令。
- 在"常用"选项卡"实体编辑"面板中单击"差集"按钮 ◎◎。
- 在"实体"选项卡"布尔值"面板中单击"差集"按钮。
- 在命令行输入 SUBTRACT 命令并按回车键。

执行"差集"命令后，先选择要从中减去的实体，然后按回车键，选择要减去的实体即可完成差集操作。

如图 9-25、图 9-26 所示为用差集运算命令创建复合体对象的结果。

图 9-25 实体对象

图 9-26 差集效果

3. 实体交集

交集是利用两个实体模型重合的公共部分创建复合体，用户可以通过以下方式调用"交集"命令。

- 执行"修改"→"实体编辑"→"交集"命令。
- 在"常用"选项卡"实体编辑"面板中单击"交集"按钮⟨◎⟩。
- 在"实体"选项卡"布尔值"面板中单击"交集"按钮。
- 在命令行输入 INTERSECT 命令并按回车键。

执行"交集"命令后，选择所需实体对象，按回车键即可完成交集操作。

如图 9-27、图 9-28 所示为用交集运算命令创建复合体对象的结果。

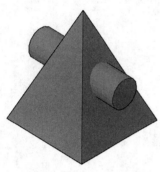

图 9-27　实体对象

图 9-28　交集效果

实战——创建传动轴套模型

下面将绘制传动轴套模型，通过学习本案例，读者能够熟练掌握在 AutoCAD 中使用"拉伸""三维阵列""差集"等三维命令的操作方法，操作步骤如下。

Step 01 启动 AutoCAD 软件，新建空白文档，将其保存为"传动轴套"文件，执行"绘图"→"构造线"命令，绘制两条垂直的构造线，如图 9-29 所示。

Step 02 执行"修改"→"偏移"命令，将垂直方向的构造线向左、右两边各偏移 140mm，如图 9-30 所示。

Step 03 执行"绘图"→"圆"命令，捕捉构造线的交点，绘制半径为 200mm 和 20mm 的圆，如图 9-31 所示。

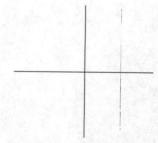

图 9-29　绘制构造线

图 9-30　偏移线段

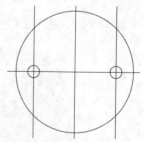

图 9-31　绘制圆

Step 04 删除构造线，将视图控件转化为"西南等轴测"视图，将视觉样式控件转化为"概念"，执行"绘图"→"建模"→"拉伸"命令，将三个圆形都向上拉伸 40mm，如图 9-32 所示。

Step 05 执行"修改"→"实体编辑"→"差集"命令，将两个小圆柱体从大圆柱体中减去，如图9-33所示。

Step 06 将视图控件转化为"俯视图"，将视觉样式控件转化为"二维线框"，执行"绘图"→"构造线"命令，绘制两条相互垂直的构造线，如图9-34所示。

图9-32　拉伸实体　　　　　　　图9-33　差集操作　　　　　　　图9-34　绘制构造线

Step 07 执行"修改"→"偏移"命令，将垂直方向的构造线向左、右两边各偏移100mm，将水平方向的构造线向上、下两边各偏移150mm，如图9-35所示。

Step 08 执行"绘图"→"圆"命令，捕捉构造线的交点，绘制半径为200mm和25mm的圆图形，如图9-36所示。

Step 09 执行"修改"→"修剪"命令，修剪掉多余的线段，如图9-37所示。

Step 10 执行"绘图"→"面域"命令，将弧线和直线组成的区域创建为面域。将视图控件转化为"西南等轴测"视图，如图9-38所示。

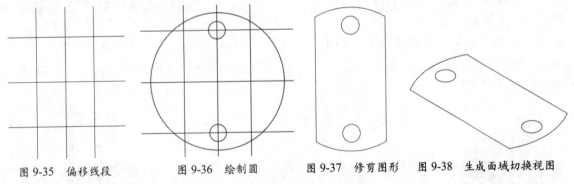

图9-35　偏移线段　　　图9-36　绘制圆　　　图9-37　修剪图形　　图9-38　生成面域切换视图

Step 11 将视觉样式控件转化为"概念"，执行"绘图"→"建模"→"拉伸"命令，将图形向上拉伸40mm，如图9-39所示。

Step 12 执行"修改"→"实体编辑"→"差集"命令，将两个小圆柱体从面域中减去，如图9-40所示。

Step 13 将刚绘制的实体移动至之前绘制的大圆柱实体上，如图9-41所示。

Step 14 执行"绘图"→"建模"→"圆柱体"命令，捕捉实体顶面的中心，绘制半径为60mm和80mm，高为250mm的圆柱体，如图9-42所示。

Step 15 执行"修改"→"实体编辑"→"差集"命令，将刚绘制的小圆柱体从大圆柱体中减去，如图9-43所示。

Step 16 将视图设为前视图。执行"矩形""圆角"命令，绘制长200mm、宽20mm的矩形，再设置

圆角半径为 10mm，如图 9-44 所示。

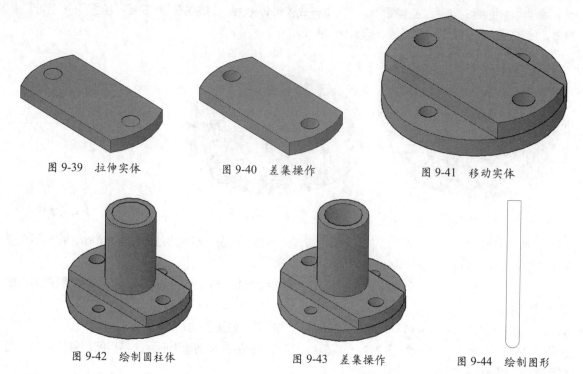

图 9-39 拉伸实体   图 9-40 差集操作   图 9-41 移动实体

图 9-42 绘制圆柱体   图 9-43 差集操作   图 9-44 绘制图形

Step 17 将视图设为西南等轴测视图。执行"绘图"→"建模"→"拉伸"命令，将修剪后的图形拉伸 200mm，如图 9-45 所示。

Step 18 执行"修改"→"移动"命令，将刚绘制出来的实体移动到圆柱体上，如图 9-46 所示。

Step 19 执行"差集"命令，将刚绘制的圆角长方体从圆柱体中减去，如图 9-47 所示。至此完成传动轴套模型的绘制操作。

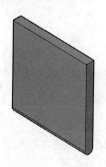
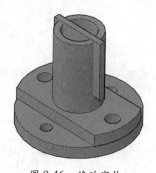
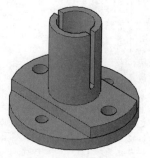

图 9-45 拉伸实体   图 9-46 移动实体   图 9-47 完成绘制

9.2 修改三维实体

在 AutoCAD 软件中，除了对三维实体进行移动、旋转、对齐、镜像、布尔运算等操作外，为了使模型更为逼真，还可对三维实体进行抽壳、倒角等操作。下面将向用户介绍抽壳、倒角等命令的操作方法。

9.2.1 抽壳

利用"抽壳"命令可以将三维模型转换为中空薄壁或壳体。用户可以通过以下方式调用"抽壳"命令。

- 执行"修改"→"实体编辑"→"抽壳"命令。
- 在"实体"选项卡"实体编辑"面板中单击"抽壳"按钮。
- 在命令行输入 SOLIDEDIT 命令并按回车键。

执行"抽壳"命令后，根据命令行提示，选中所需抽壳实体对象，并选择好要删除的面。按回车键，输入抽壳偏移距离值，按三次回车键即可完成抽壳操作。

9.2.2 倒角

在 AutoCAD 软件中，用户可以对三维模型对象进行倒角边和圆角边操作，下面将具体介绍如何进行倒角边和圆角边操作。

1. 倒角边

倒角边是指将三维模型的边通过指定的距离进行倒角，从而形成面。用户可以通过以下方式调用"倒角边"命令。

- 执行"修改"→"倒角边"命令。
- 在"实体"选项卡"实体编辑"面板中单击"倒角边"按钮。
- 在命令行输入 CHAMFEREDGE 命令并按回车键。

下面将绘制基面倒角距离和其他曲面倒角距离都为 20mm 的长方体。

随意创建一个长方体，执行"修改"→"实体编辑"→"倒角边"命令，根据命令行提示设置基面倒角距离为 100mm，再设置其他曲面倒角距离为 100mm，设置完成后按回车键即可完成倒角边操作，如图 9-48、图 9-49 所示。

图 9-48 未倒角边效果

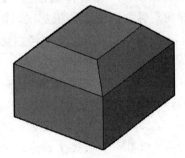

图 9-49 倒角边后效果

2. 圆角边

圆角边是指将指定的边界通过一定的圆角距离建立圆角，用户可以通过以下方式调用"圆角边"命令。

- 执行"修改"→"圆角边"命令。
- 在"实体"选项卡"实体编辑"面板中单击"圆角边"按钮。
- 在命令行输入 FILLETEDGE 命令并按回车键。

🖐 **绘图技巧**

> 通过上述方法，可指定圆角边的半径，并选择圆角边，还可以为每个圆角边指定单独的测量单位，并对一系列相切的边进行圆角处理。

在"实体编辑"面板中，除了以上几种编辑实体的命令外，还有其他操作命令，比如"干涉""分割""清除"和"检查"等。使用这些命令时，只需根据命令行中的提示信息操作即可。这些命令不常用，因此不详细介绍。

任意创建一个长方体，执行"修改"→"圆角边"命令，根据命令行提示选择边，并设置半径，如图 9-50、图 9-51 所示。

图 9-50 未倒圆角边效果

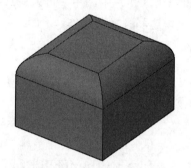

图 9-51 圆角边后效果

实战——创建回转体面模型

下面将绘制一个回转体面模型。通过学习本案例，读者能够熟练掌握在 AutoCAD 中"旋转""圆角"等命令的使用方法，操作步骤如下。

Step 01 启动 AutoCAD 软件，新建空白文档，将其保存为"回转体面"文件，执行"绘图"→"直线"命令，绘制一个长 17.8mm、宽 17.6mm 的矩形图形，如图 9-52 所示。

Step 02 执行"修改"→"偏移"命令，将矩形边线向内进行偏移，如图 9-53 所示。

Step 03 执行"修改"→"修剪"命令，修剪掉多余的线段，如图 9-54 所示。

Step 04 执行"圆角"和"倒角"命令，对轮廓边进行圆角和倒角操作，如图 9-55 所示。

Step 05 执行"绘图"→"直线"命令，在距离该图形 14.5mm 的位置绘制一条直线，如图 9-56 所示。

Step 06 将视图控件转化为"西南等轴测"视图，将视觉样式控件转化为"概念"，在"常用"选项卡的"建模"面板中单击"旋转"按钮，选择旋转对象，如图 9-57 所示。

Step 07 按回车键，根据命令行提示，指定轴起点和轴端点，如图 9-58 所示。

Step 08 根据命令行提示指定旋转角度 360°，完成回转体面模型的绘制，如图 9-59 所示。

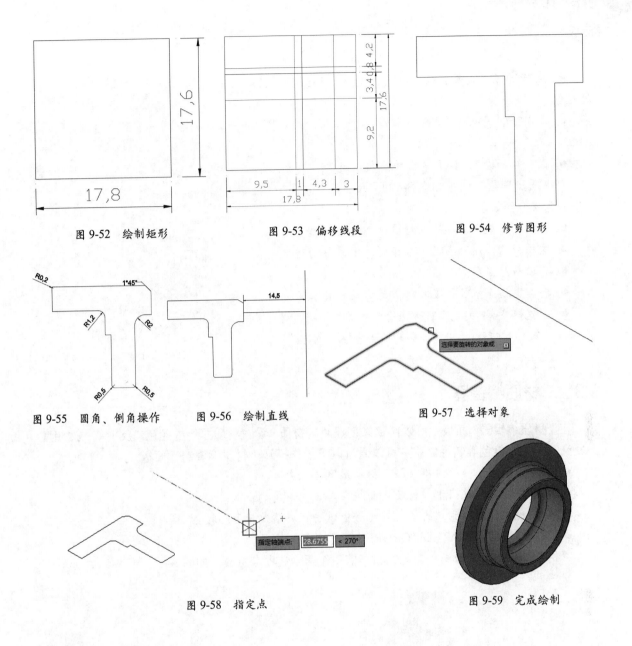

图 9-52 绘制矩形   图 9-53 偏移线段   图 9-54 修剪图形

图 9-55 圆角、倒角操作   图 9-56 绘制直线   图 9-57 选择对象

图 9-58 指定点   图 9-59 完成绘制

9.3 设置材质

为三维实体模型添加材质会增强真实感。在材质中，贴图可以模拟纹理、凹凸效果、反射或折射。下面将向用户介绍设置材质的操作方法。

9.3.1 材质浏览器

"材质浏览器"面板可以组织和管理用户的材质。用户可以通过以下方式打开"材质浏览器"

面板。

● 执行"视图"→"渲染"→"材质浏览器"命令。

● 在"可视化"选项卡"材质"面板中单击"材质浏览器"按钮 ⊗。

● 在"视图"选项卡"选项板"面板中单击"材质浏览器"按钮。

● 在命令行输入 MAT 命令并按回车键。

"材质浏览器"面板如图 9-60 所示。其中，面板中各选项的含义介绍如下。

● 搜索：在该列表框输入材质命令搜索材质。

● 文档材质：该列表显示打开文件中保存的材质。

● 库面板：显示浏览器中的材质库。

● 内容窗格：根据设置的要求显示符合要求的材质。

● 浏览器底部：浏览器底部包含"管理库"按钮、"创建材质"按钮 和"打开/关闭材质编辑器"按钮。

图 9-60　"材质浏览器"面板

9.3.2　材质编辑器

在"材质编辑器"面板中可以自定义创建新的材质，设置材质显示的颜色、反射率、透明度、自发光、凹凸、染色等特性。用户可以通过以下操作打开"材质编辑器"面板。

● 执行"视图"→"渲染"→"材质编辑器"命令。

● 在"可视化"选项卡"材质"面板中单击右下角的箭头。

● 在"视图"选项卡"选项板"面板中单击"材质编辑器"按钮 ⊗。

● 在命令行输入 MATEDITOROPEN 命令并按回车键。

"材质编辑器"面板由"外观"和"信息"两个选项卡组成，如图 9-61、图 9-62 所示。

图 9-61　"外观"选项卡

图 9-62　"信息"选项卡

1. 外观

"外观"选项卡由预览窗口、"选择缩略图形和渲染质量"按钮、名称、设置材质特性和选项板底部等组成。下面将介绍各选项的含义。

- 预览窗口：预览创建材质。
- "选择缩略图形和渲染质量"按钮：单击该按钮可以选择材质的显示方式及质量。
- 名称：默认情况下，材质的名称是 Global，不可以进行设置，只有在新建材质后才可以进行设置。
- 设置材质特性：设置材质特性包含常规、反射率、透明度、剪切、自发光、凹凸和染色选项，单击各选项名称前的下拉菜单按钮，即可显示设置选项。
- 选项板底部：选项板底部包含"创建材质"按钮和"打开 / 关闭材质浏览器"按钮。

2. 信息

单击"信息"标签即可打开"信息"选项卡，在该选项卡中包含"信息"和"关于"两个选项。其中，各选项的含义介绍如下。

- 信息：显示该材质的基本信息，"名称"列表框可以设置材质名称，"说明"列表框则显示材质的类型，选择相应的选项，列表框则会按同方法处理，在列表框可以对其进行设置。
- 关于："关于"选项主要显示材质的类型。其参数不可进行更改。

9.4 设置光源环境

通常材质赋予完成后，就需对实体模型进行渲染，而光源对渲染效果有着重要的作用，它主要有强度和颜色两个指标。光源的设置直接影响渲染的效果，适当地调整光源，可以使实体模型更具有真实感。

9.4.1 光源类型

在 AutoCAD 软件中，光源类型包括点光源、聚光灯、平行光以及光域网灯光。若是没有指定光源类型，系统则会使用默认光源，该光源没有方向、阴影，并且模型各个面的灯光强度都相同。

1. 点光源

该光源从其所在位置向四周发射光线。与灯泡发出的光源类似，它是从一点向各个方向发射的光源。点光源不以一个对象为目标，根据光源的位置，模型将会产生较为明显的阴影效果，用户可以使用点光源以达到基本的照明效果，如图 9-63 所示。

图 9-63　点光源效果

2. 聚光灯

聚光灯发射定向锥形光。与点光源相似，也是从一点发出，但是聚光灯的光线是沿着指定的方向发射出锥形光束。聚光灯也可以手动设置强度，但是其强度还是根据聚光灯目标矢量的角度进行衰减，此衰减由聚光灯的聚光角度和照射角度控制，如图 9-64 所示。

图 9-64　聚光灯效果

3. 平行光

平行光仅向一个方向发射统一的平行光线。它需要指定光源的起始位置和发射方向，从而定义光线的防线，如图 9-65 所示。平行光的强度并不会随着距离的增加而衰减，对于每个照射的面，平行光的亮度都与其在光源处相同。

图 9-65　平行光效果

4. 光域网灯光

该光源指定光域网的起点和发射方向，在适合的位置单击鼠标左键即可创建光域网灯光。光域网与其他三种光源不同的是，它可以调用外部光源，还原真实效果，所以光域网灯光更具有真实性。

在渲染过程中，使用不同的光源并进行相应的设置，将会产生不同的效果，用户可以通过以下方式调用光源命令。

- 执行"视图"→"渲染"→"光源"命令的子命令。
- 在"可视化"选项卡"光源"面板中单击相应的光源按钮。

9.4.2　查看光源列表

在 AutoCAD 软件中提供了很多打开光源列表的方法，在"模型中的光源"面板中可以查看文件中创建的光源，通过光源列表可以打开"特性"面板，在该面板中可以设置光源中的各选项参数。

1. "模型中的光源"面板

用户可以通过以下方式打开"模型中的光源"面板，如图 9-66 所示。

- 执行"视图"→"渲染"→"光源"→"光源列表"命令。
- 在"可视化"选项卡"光源"面板中单击右下角的箭头 。
- 在"视图"选项卡"选项板"面板中单击"模型中的光源"按钮 。
- 在命令行输入 LIGHTLIST 命令并按回车键。

图 9-66 光源列表

2. "特性"面板

在"特性"面板中可以设置创建光源的各选项，用户可以通过以下方式打开"特性"面板，如图 9-67 所示。

- 在"模型中的光源"卷展栏中双击需要打开的光源。
- 在光源文件上单击鼠标右键，在弹出的菜单中选择"特性"命令。

图 9-67 "特性"面板

知识拓展

"特性"面板中各卷展栏的含义介绍如下。

- 常规：显示光源的名称和类型，并可以设置角度、强度因子和过滤颜色等。
- 几何图形：设置光源的坐标位置。
- 衰减：设置光源的衰减类型和界限。
- 渲染阴影细节：设置渲染阴影的类型及柔和度等。

9.5 渲染三维模型

灯光创建完成后，利用 AutoCAD 软件中的渲染器可以生成真实、准确的模拟光照效果，包

括光线跟踪反射、折射和全局照明，然后选择"渲染"命令，就可以对实体模型进行渲染。

在选择"渲染"命令时，用户可根据需要对渲染的过程进行详细的设置。AutoCAD 软件提供给用户 6 种渲染等级，如图 9-68 所示。渲染等级越高，其图像越清晰，但其渲染时间则越长。下面将分别对这 6 种渲染等级进行简单说明。

● 低：使用该等级渲染模型时，不会显示阴影、材质和光源，而是会自动使用一个虚拟的平行光源。其渲染速度较快，比较适用于一些简单模型的渲染。

● 中：使用该等级进行渲染时，则会使用材质与纹理过滤功能渲染，但不会使用阴影贴图。该等级为 AutoCAD 默认渲染等级。

● 高：使用该等级进行渲染时，会根据光线跟踪产生折射、反射和阴影。该等级渲染出的图像较为精细，但其渲染速度相对较慢。

● 茶歇质量 / 午餐质量 / 夜间质量：茶歇质量的渲染时间为 10min，午餐质量的渲染时间为 60min，夜间质量的渲染时间为 12h。这三种渲染方式是根据渲染时间来控制渲染效果的质量，用户可根据实际情况进行选择。

若想要对渲染等级进行调整，可选择"渲染"命令，在"高级渲染设置"面板的最上方"选择渲染预设"下拉列表中对渲染等级进行选择。如果要对渲染等级参数进行设置调整，可在"选择渲染预设"列表中，选择"管理渲染预设"选项，打开"渲染预设管理器"对话框，在其左侧选中所需渲染等级，随后在右侧列表框中便可对所需参数进行设置，如图 9-69 所示。

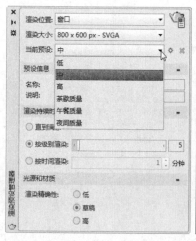

图 9-68　选择渲染等级

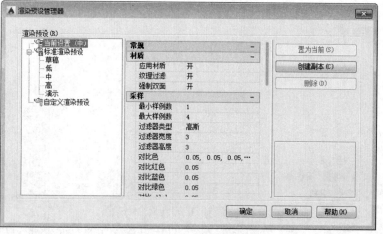

图 9-69　设置渲染等级参数

综合演练——创建不锈钢材质并渲染零件模型

实例路径：实例 /CH09/ 综合演练 / 创建不锈钢材质并渲染零件模型 .dwg
视频路径：视频 /CH09/ 创建不锈钢材质并渲染零件模型 .avi

为了更好地掌握三维模型的创建方法，接下来练习制作案例，以实现对所学内容的温习巩固。下面具体介绍创建不锈钢材质并渲染零件模型的方法，其中主要运用到的三维命令包括"阵列""扫掠""渲染"等。

Step 01 启动 AutoCAD 软件，新建空白文档，将其保存为"滚动轴承"文件，执行"绘图"→"直线"命令，绘制一个长为 18mm、宽为 10mm 的矩形，如图 9-70 所示。

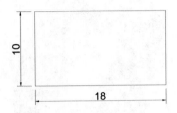

图 9-70　绘制矩形

Step 02 执行"修改"→"偏移"命令，将矩形边线向内进行偏移，如图 9-71 所示。

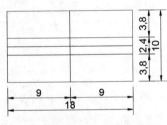

图 9-71　偏移线段

Step 03 执行"绘图"→"圆"命令，捕捉矩形的中心，绘制半径为 2.5mm 的圆，如图 9-72 所示。

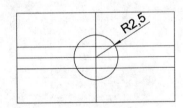

图 9-72　绘制圆

Step 04 执行"修改"→"修剪"命令，修剪掉多余的线段，如图 9-73 所示。

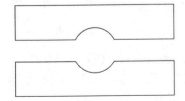

图 9-73　修剪线段

Step 05 执行"绘图"→"建模"→"球体"命令，

捕捉圆弧的圆心，绘制半径为 2mm 的球体，如图 9-74 所示。

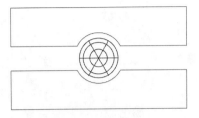

图 9-74　绘制球体

Step 06 执行"绘图"→"圆"命令，绘制半径为 30mm 的圆图形。将绘制好的圆形移动至如图 9-75 所示的位置。

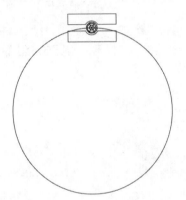

图 9-75　绘制圆

Step 07 执行"修改"→"三维操作"→"三维阵列"命令，选择球体，根据命令行提示，指定阵列中心，设置项目数 20，其余参数保持不变，如图 9-76 所示。

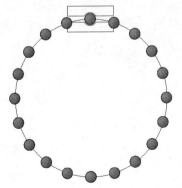

图 9-76　三维阵列

Step 08 将视图控件转化为"西南等轴测"视图，将视觉样式控件转化为"概念"，执行"修改"→"三维操作"→"三维旋转"命令，旋转球体，如图9-77所示。

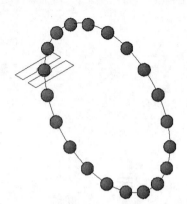

图 9-77　三维旋转

Step 09 执行"绘图"→"面域"命令，根据命令行提示选择对象，将修剪后的长方形创建面域，如图 9-78 所示。

图 9-78　创建面域

Step 10 在"常用"选项卡的"建模"面板中单击"扫掠"按钮，选择面域对象，如图 9-79 所示。

图 9-79　选择对象

Step 11 按回车键，根据命令行提示选择圆图形作为扫掠路径，完成滚动轴承模型的创建，如图 9-80 所示。

图 9-80　完成模型的创建

Step 12 执行"视图"→"渲染"→"材质浏览器"命令，打开"材质浏览器"面板，选择不锈钢材质，如图 9-81 所示。

图 9-81　"材质浏览器"面板

Step 13 选择好后，按住鼠标左键不放，将该材质拖至模型合适位置，放开鼠标，即可完成材质贴图，如图 9-82 所示。

Step 14 执行"视图"→"渲染"→"渲染"命令，即可完成渲染，至此滚动轴套的模型绘制与渲染已全部完成，如图 9-83 所示。

图 9-82　赋予材质

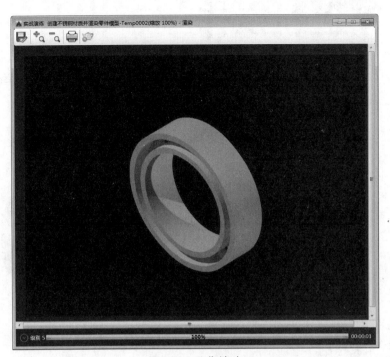

图 9-83　渲染模型

上机操作

为了让读者能够更好地掌握本章所学的知识，在本小节列举几个拓展案例，以供读者练习。

1. 绘制缸体模型

利用圆、拉伸、差集等命令绘制如图 9-84 所示的缸体模型。

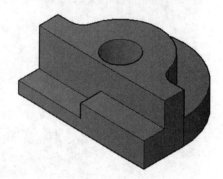

图 9-84　绘制缸体模型

⚠ **操作提示：**

Step 01〉利用圆、直线、修剪等命令绘制图形的二维图形。

Step 02〉利用拉伸命令对二维图形进行拉伸操作。

Step 03〉利用差集命令，删减掉多余的面，即可完成缸体模型的绘制。

2. 绘制蜗杆模型

绘制如图 9-85 所示的蜗杆模型。

图 9-85　绘制蜗杆模型

⚠ **操作提示：**

Step 01〉利用直线、多段线、镜像等命令，绘制出二维图形。

Step 02〉利用面域、旋转等命令，绘制出三维实体模型。

Step 03〉将视图设置为概念视图，完成蜗杆模型的绘制。

第 **10** 章

—— 绘制常见机械零件图 ——

机械零件图主要是表达零件结构、大小及技术要求的图样。它是制造和检测零件质量的依据，直接服务于生产，是生产过程中重要的技术文件。本章将以螺母、螺栓、轴承座、直角支架和机件为例，来介绍常见机械零件图的绘制方法。

10.1 绘制螺母及螺栓零件图

螺栓是平头圆柱形，螺栓必须和螺丝帽一起使用，或者用在已经钻有螺纹的物件上，有时候加垫片和弹簧垫。螺栓上的螺纹比较浅，不带利刃。螺母就是螺帽，与螺栓拧在一起用来起紧固作用。它们是所有生产制造机械必须使用的一种原件。

10.1.1 绘制螺母平面图

下面将绘制螺母平面图。通过绘制螺母的平面图，使读者能够对机械制图有一定的了解。操作步骤如下。

Step 01 启动 AutoCAD 软件，新建空白文档，将其保存为"螺栓及螺母尺寸图"文件。执行"格式"→"图层"命令，打开"图层特性管理器"面板，单击"新建"按钮，创建图层，并设置颜色、线型等特性，如图 10-1 所示。

Step 02 设置"中心线"图层为当前层，执行"绘图"→"直线"命令，分别绘制两条长为 30mm 的中心线，并设置线型比例为 0.1，如图 10-2 所示。

Step 03 设置"轮廓线"图层为当前层，执行"绘图"→"多边形"命令，根据命令行提示设置侧面数为 6，选择外切于圆，圆的半径为 10mm，绘制六边形，如图 10-3 所示。

Step 04 执行"绘图"→"圆"命令，以两条中心线的垂足点为圆心，绘制半径为 10mm 的圆图形，作为螺母的倒角边，如图 10-4 所示。

Step 05 继续执行当前命令，同样以垂足点为圆心绘制半径为 5mm 的圆图形，作为螺母的轴孔，如图 10-5 所示。

Step 06 设置"尺寸标注"图层为当前层，执行"标注"→"线性"和"半径"命令，对螺母图形进行尺寸标注，如图 10-6 所示。

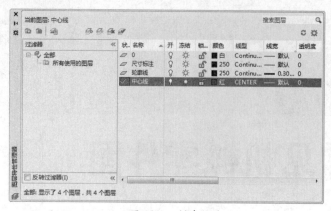

图 10-1　创建图层

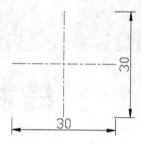

图 10-2　绘制中心线

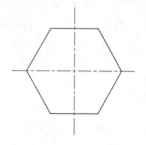

图 10-3　绘制六边形

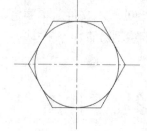

图 10-4　绘制圆图形

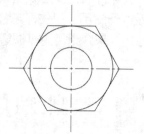

图 10-5　绘制轴孔

Step 07　在状态栏上单击"显示线宽"按钮，效果如图 10-7 所示。

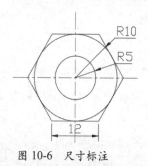

图 10-6　尺寸标注

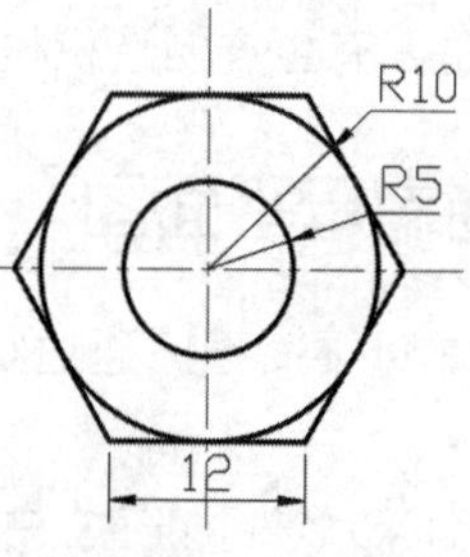

图 10-7　显示线宽

10.1.2　绘制螺栓正立面图

下面将绘制螺栓正立面图。操作步骤如下。

Step 01　设置"轮廓线"图层为当前层，执行"绘图"→"直线"命令，绘制一个长为 20mm、宽为 7mm 的矩形图形，如图 10-8 所示。

Step 02　继续执行当前命令，绘制一个长为 10mm、宽为 30mm 的矩形图形，并将两个矩形对齐，如图 10-9 所示。

Step 03　执行"修改"→"偏移"命令，将线段向内进行偏移，如图 10-10 所示。

Step 04　执行"绘图"→"圆弧"命令，绘制圆弧，如图 10-11 所示。

Step 05　执行"修改"→"修剪"命令，修剪掉多余的线段，如图 10-12 所示。

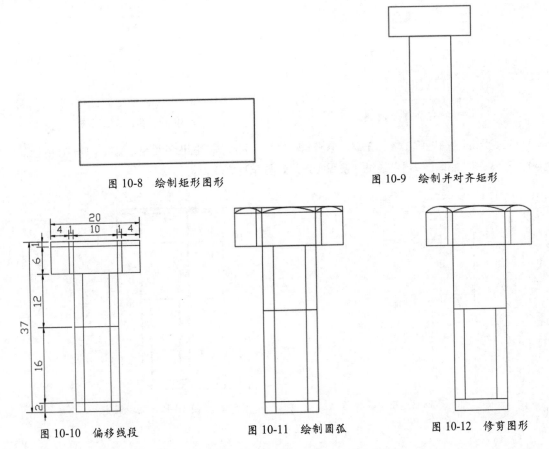

图 10-8　绘制矩形图形　　　　　　　图 10-9　绘制并对齐矩形

图 10-10　偏移线段　　　　图 10-11　绘制圆弧　　　　图 10-12　修剪图形

Step 06 选择内部结构线段，将其设置为"虚线"图层，如图 10-13 所示。

Step 07 执行"修改"→"倒角"命令，对图形进行倒角操作，两个倒角距离都为 1，如图 10-14 所示。

Step 08 设置"尺寸标注"为当前图层，执行"标注"→"线性""半径"和"多重引线"命令，对螺栓图形进行尺寸标注，如图 10-15 所示。

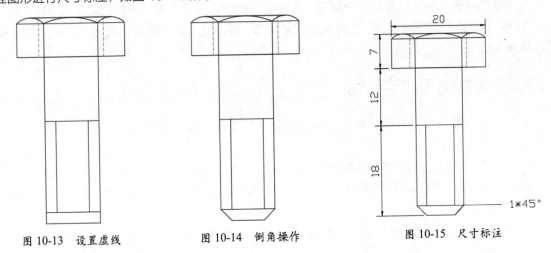

图 10-13　设置虚线　　　　图 10-14　倒角操作　　　　图 10-15　尺寸标注

Step 09 双击尺寸标注，进入编辑状态，如图 10-16 所示。

Step 10 单击鼠标右键，弹出快捷菜单，在"符号"选项中选择"直径"选项，如图 10-17 所示。

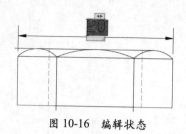

图 10-16　编辑状态

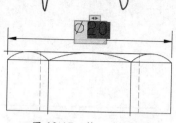

图 10-17　输入直径符号

Step 11 在绘图区空白处单击鼠标左键，退出编辑状态，完成螺栓图形的绘制，如图 10-18 所示。

Step 12 在状态栏上单击"显示线宽"按钮，效果如图 10-19 所示。

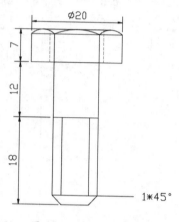

图 10-18　退出编辑状态

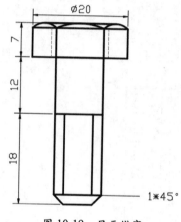

图 10-19　显示线宽

10.2 绘制轴承座零件图

转盘轴承座是一种可以接受综合载荷、构造特别的大型和特大型轴承座，其具有构造紧凑、回转灵敏、装置维护方便等特点。分为剖分式轴承座、滑动轴承座、滚动轴承座、带法兰轴承座、外球面轴承座等。

10.2.1　绘制轴承座平面图

下面将绘制轴承座平面图，其中所涉及的命令有直线、偏移、修剪、尺寸标注等。操作步骤如下。

Step 01 启动 AutoCAD 软件，新建空白文档，将其保存为"轴承座尺寸图"文件，执行"格式"→"图层"命令，打开"图层特性管理器"面板，单击"新建"按钮，创建图层，并设置颜色、线型等特性参数，如图 10-20 所示。

Step 02 设置"轮廓线"图层为当前层，执行"绘图"→"直线"命令，绘制一个长为 45mm、宽为 30mm 的矩形图形，如图 10-21 所示。

Step 03 执行"修改"→"偏移"命令，将线段向内进行偏移，尺寸如图 10-22 所示。

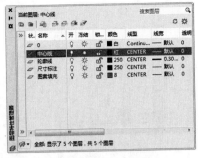

图 10-20　创建图层

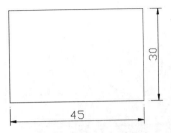

图 10-21　绘制矩形图形

Step 04 执行"绘图"→"圆"命令，绘制半径分别为 3mm 和 6.5mm 的同心圆图形，如图 10-23 所示。

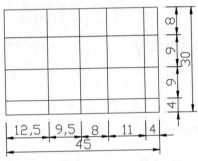

图 10-22　偏移线段

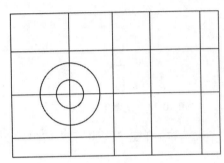

图 10-23　绘制同心圆图形

Step 05 执行"修改"→"修剪"命令，修剪掉多余的线段，如图 10-24 所示。

Step 06 执行"修改"→"圆角"命令，设置圆角半径为 2mm，对图形进行圆角操作，如图 10-25 所示。

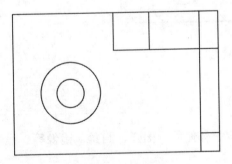

图 10-24　修剪图形

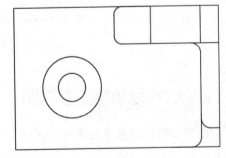

图 10-25　圆角操作

Step 07 继续执行当前命令，设置圆角半径为 7mm，对大矩形进行圆角操作，如图 10-26 所示。

Step 08 删除多余的线段。设置"中心线"图层为当前层，执行"绘图"→"直线"命令，绘制中心线，并设置线型比例为 0.1，如图 10-27 所示。

Step 09 执行"修改"→"镜像"命令，将绘制好的图形以右侧中心线为镜像线，镜像复制图形，如图 10-28 所示。

Step 10 设置"尺寸标注"图层为当前层，执行"标注"→"线性"和"半径"命令，对轴承座平面图进行尺寸标注，完成该平面图的绘制，如图 10-29 所示。

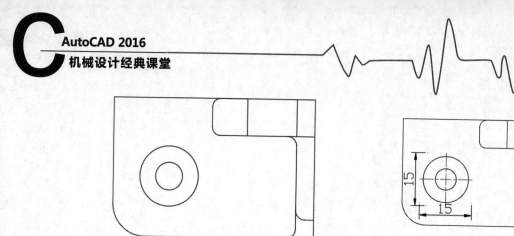

图 10-26　圆角操作

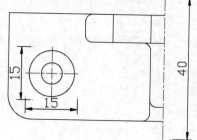

图 10-27　绘制中心线

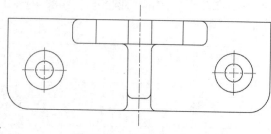

图 10-28　镜像复制图形

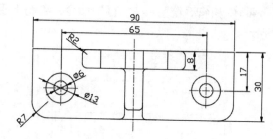

图 10-29　尺寸标注

Step 11 在状态栏上单击"显示线宽"按钮，效果如图 10-30 所示。

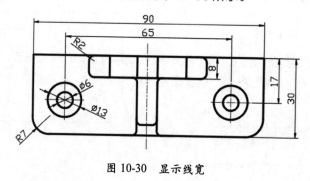

图 10-30　显示线宽

10.2.2　绘制轴承座正立面图

下面将绘制轴承座正立面图，其中涉及的操作命令有偏移、圆弧、圆角、镜像等。操作步骤如下。

Step 01 执行"绘图"→"直线"命令，绘制一个长为 45mm、宽为 58mm 的矩形图形，如图 10-31 所示。

Step 02 执行"修改"→"偏移"命令，将线段向内进行偏移，尺寸如图 10-32 所示。

Step 03 执行"绘图"→"圆弧"命令，绘制圆弧，如图 10-33 所示。

Step 04 执行"修改"→"修剪"命令，修剪掉多余的线段，如图 10-34 所示。

Step 05 执行"修改"→"圆角"命令，设置圆角半径为 1mm，对图形进行圆角操作，如图 10-35 所示。

Step 06 继续执行当前命令，设置圆角半径为 2mm，对图形进行圆角操作，如图 10-36 所示。

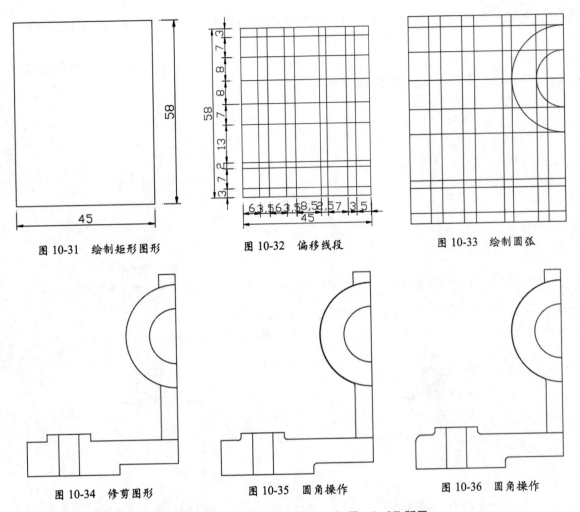

图 10-31 绘制矩形图形　　　　图 10-32 偏移线段　　　　图 10-33 绘制圆弧

图 10-34 修剪图形　　　　图 10-35 圆角操作　　　　图 10-36 圆角操作

Step 07 执行"绘图"→"直线"命令，绘制一条斜线段，如图 10-37 所示。

Step 08 删除多余的线段。设置"中心线"图层为当前层，执行"绘图"→"直线"命令，绘制中心线，并设置线型比例为 0.2，如图 10-38 所示。

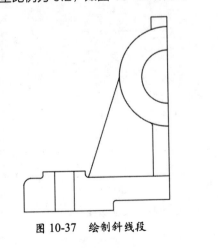

图 10-37 绘制斜线段

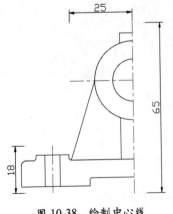

图 10-38 绘制中心线

Step 09 执行"修改"→"镜像"命令，以右侧中心线为镜像线，镜像刚绘制的图形，如图 10-39 所示。

Step 10 设置"尺寸标注"图层为当前层，执行"标注"→"线性"和"直径"命令，对轴承座正立面图进行尺寸标注，完成该平面图的绘制，如图 10-40 所示。

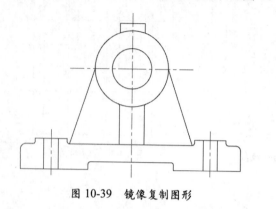

图 10-39　镜像复制图形

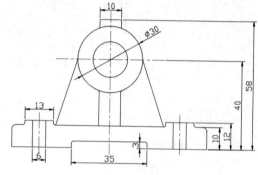

图 10-40　尺寸标注

Step 11 双击最顶端的尺寸标注，进入编辑状态，如图 10-41 所示。

Step 12 单击鼠标右键，弹出快捷菜单，在"符号"选项中选择"直径"选项，如图 10-42 所示。

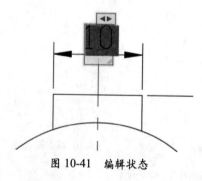

图 10-41　编辑状态

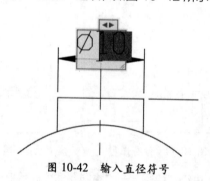

图 10-42　输入直径符号

Step 13 单击绘图区空白处退出编辑状态，如图 10-43 所示。

Step 14 继续执行当前命令，修改其余尺寸标注，完成轴承座正立面图的绘制，如图 10-44 所示。

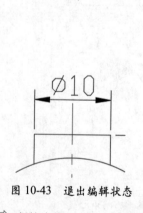

图 10-43　退出编辑状态

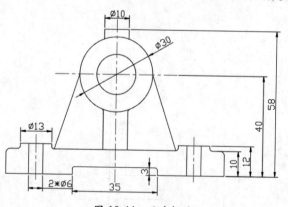

图 10-44　尺寸标注

Step 15 在状态栏上单击"显示线宽"按钮，效果如图 10-45 所示。

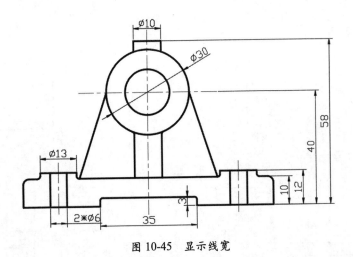

图 10-45　显示线宽

10.2.3　绘制轴承座剖面图

下面将绘制轴承座剖面图，其中涉及的命令有直线、修剪、圆角、倒角、尺寸标注等。操作步骤如下。

Step 01 执行"绘图"→"直线"命令，绘制一个长为 34mm、宽为 58mm 的矩形图形，如图 10-46 所示。

Step 02 执行"修改"→"偏移"命令，将线段向内进行偏移，如图 10-47 所示。

Step 03 执行"修改"→"修剪"命令，修剪掉多余的线段，如图 10-48 所示。

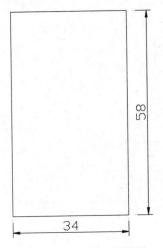

图 10-46　绘制矩形图形

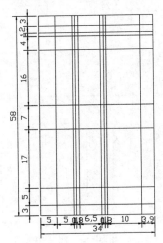

图 10-47　偏移线段

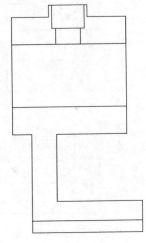

图 10-48　修剪图形

Step 04 执行"绘图"→"直线"命令，绘制一条斜线段，如图 10-49 所示。

Step 05 执行"修改"→"圆角"命令，设置圆角半径为 2mm，将外轮廓进行圆角操作，如图 10-50 所示。

Step 06 执行"修改"→"倒角"命令，设置倒角半径为 1mm，将内部图形进行倒角操作，如图 10-51 所示。

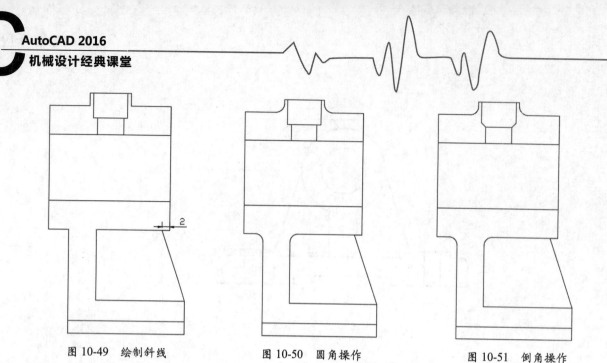

图 10-49　绘制斜线　　　　　图 10-50　圆角操作　　　　　图 10-51　倒角操作

Step 07 设置"中心线"图层为当前层，绘制一条长 40mm 的中心线，设置线型比例为 0.2，如图 10-52 所示。

Step 08 设置"图案填充"图层为当前层，执行"绘图"→"图案填充"命令，设置图案名为 ANSI31，比例为 0.5，其余参数保持不变，如图 10-53 所示。

Step 09 设置"尺寸标注"图层为当前层，执行"标注"→"线性"命令，对轴承座剖面图进行尺寸标注，如图 10-54 所示。

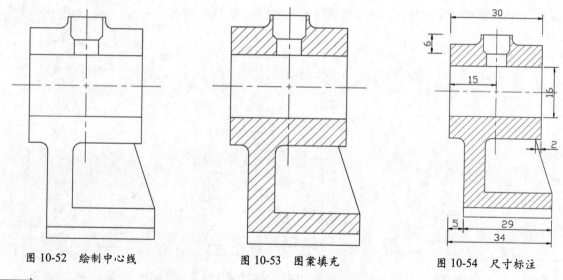

图 10-52　绘制中心线　　　　　图 10-53　图案填充　　　　　图 10-54　尺寸标注

Step 10 双击最左侧尺寸标注，进入编辑状态，如图 10-55 所示。

Step 11 单击鼠标右键，弹出快捷菜单，在"符号"选项中选择"直径"选项，如图 10-56 所示。

Step 12 用鼠标单击绘图区空白处，退出编辑状态，如图 10-57 所示。

Step 13 执行"绘图"→"文字注释"命令，对轴承座剖面图进行文字注释，完成轴承座剖面图的绘制，如图 10-58 所示。

Step 14 在状态栏上单击"显示线宽"按钮，效果如图 10-59 所示。

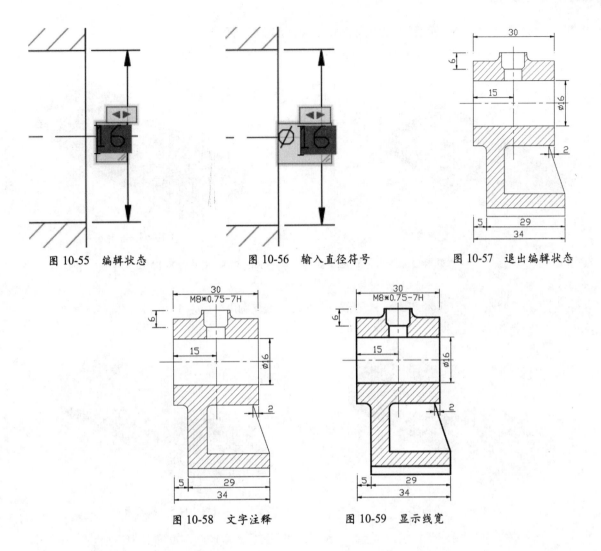

图 10-55 编辑状态   图 10-56 输入直径符号   图 10-57 退出编辑状态

图 10-58 文字注释   图 10-59 显示线宽

10.2.4 绘制轴承座模型

下面将绘制一个轴承座模型。通过学习本案例，使读者能够熟练掌握在 AutoCAD 中如何使用"拉伸""差集"等命令将二维图形创建为三维实体，操作步骤如下。

Step 01 新建空白文档，将其保存为"轴承座模型"文件，复制并修改轴承座平面图形，如图 10-60 所示。

Step 02 执行"绘图"→"多段线"命令，绘制图形的轮廓，如图 10-61 所示。

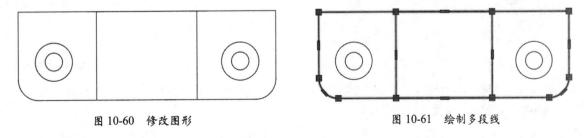

图 10-60 修改图形   图 10-61 绘制多段线

Step 03 将视图控件转化为"西南等轴测"视图，将视觉样式控件转化为"概念"，执行"绘图"→"建模"→"拉伸"命令，将中间矩形向上拉伸 3mm，如图 10-62 所示。

Step 04 继续执行当前命令，将轮廓图形和圆柱体分别向上拉伸 10mm 和 12mm，如图 10-63 所示。

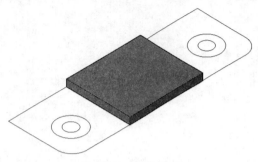

图 10-62　拉伸图形

图 10-63　拉伸图形

Step 05 执行"修改"→"实体编辑"→"差集"命令，将拉伸出来的长方体从模型中减去，如图 10-64 所示。

Step 06 执行"修改"→"实体编辑"→"圆角边"命令，设置圆角半径为 1mm，对模型进行圆角操作，如图 10-65 所示。

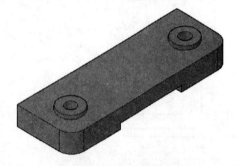

图 10-64　差集操作

图 10-65　圆角操作

Step 07 继续执行当前命令，设置圆角半径为 2mm，对模型进行圆角操作，如图 10-66 所示。

Step 08 切换为前视图，执行"绘图"→"多段线"命令，绘制多段线图形，如图 10-67 所示。

图 10-66　圆角操作

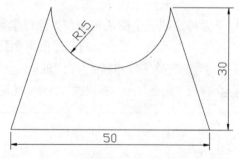

图 10-67　绘制多段线

Step 09 返回西南面图，执行"绘图"→"建模"→"拉伸"命令，将绘制的多段线图形向右拉伸 6.8mm，并放在图中合适位置，如图 10-68 所示。

Step 10 执行"绘图"→"建模"→"楔体"命令，设置高度为 20mm，绘制楔体，放在绘图区合适位置，如图 10-69 所示。

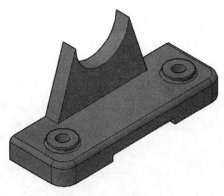

图 10-68　拉伸图形

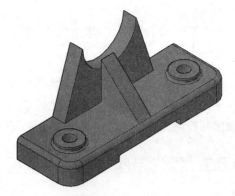

图 10-69　绘制楔体

Step 11 执行"绘图"→"建模"→"圆柱体"命令，绘制半径为 8mm、高为 30mm 和半径为 15mm、高为 30mm 的同心圆柱体，并放到图中合适位置，如图 10-70 所示。

Step 12 将当前坐标设为默认坐标，继续执行"圆柱体"命令，绘制半径为 3.2mm、高为 10mm 和半径为 5mm、高为 6mm 的同心圆柱体，并放到刚绘制同心圆柱体的合适位置，如图 10-71 所示。

图 10-70　绘制圆柱体

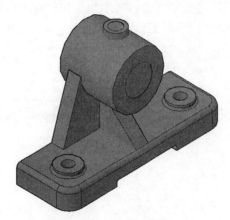

图 10-71　绘制圆柱体

Step 13 执行"绘图"→"实体编辑"→"差集"命令，对模型进行差集操作，如图 10-72 所示。

Step 14 执行"绘图"→"实体编辑"→"并集"命令，将模型合并为一个整体，如图 10-73 所示。

图 10-72　差集操作

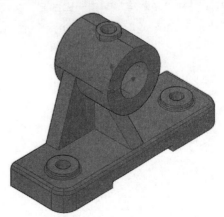

图 10-73　并集操作

10.3 绘制带座轴承板零件图

轴承是用于确定旋转轴与其他零件相对运动位置，起支承或导向作用的零部件。它的主要功能是支撑机械旋转体，用以降低设备在传动过程中的机械载荷摩擦系数。而带座轴承板是向心轴承与座组合在一起的一种组件，在与轴承轴心线平行的支撑表面上带有安装螺钉的底板。

10.3.1 绘制带座轴承板平面图

下面将绘制带座轴承板平面图，其中涉及的命令有偏移、阵列、镜像、尺寸标注等。具体操作步骤如下。

Step 01 启动 AutoCAD 软件，新建空白文档，将其保存为"带座轴承板尺寸图"文件，执行"格式"→"图层"命令，打开"图层特性管理器"面板，单击"新建"按钮，创建图层，并设置颜色、线型等特性，如图 10-74 所示。

Step 02 设置"中心线"图层为当前层，执行"绘图"→"直线"命令，分别绘制长为 130mm 和 200mm 的两条相互垂直的中心线，并设置线型比例为 0.5，如图 10-75 所示。

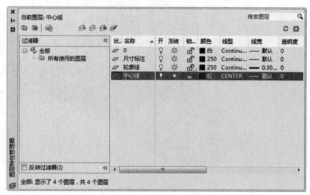

图 10-74 创建图层

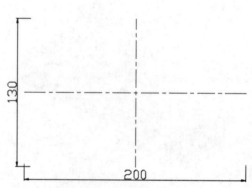

图 10-75 绘制中心线

Step 03 执行"偏移"和"拉伸"命令，将中心线进行偏移和拉伸操作，如图 10-76 所示。

Step 04 设置"轮廓线"图层为当前层，执行"绘图"→"圆"命令，捕捉两条中心线的交点，绘制半径分别为 20mm、24mm、28mm、29mm、55mm 的同心圆图形，如图 10-77 所示。

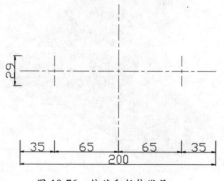

图 10-76 偏移和拉伸线段

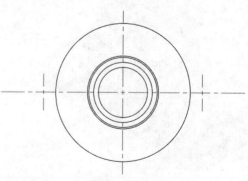

图 10-77 绘制圆图形

Step 05 选择内部结构线，设置为"中心线"图层，并设置线型比例为 0.5，如图 10-78 所示。

Step 06 继续执行当前命令，捕捉半径为 24mm 的圆图形与水平中心线的交点，绘制半径为 2mm 的圆图形，如图 10-79 所示。

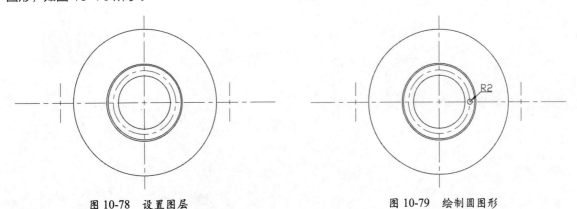

图 10-78　设置图层　　　　　　　　　　　　图 10-79　绘制圆图形

Step 07 执行"修改"→"阵列"→"环形阵列"命令，设置项目数为 3，其余参数保持不变，将半径为 2mm 的圆图形进行环形阵列，如图 10-80 所示。

Step 08 执行"绘图"→"圆"命令，绘制半径分别为 8mm 和 25mm 的同心圆图形，如图 10-81 所示。

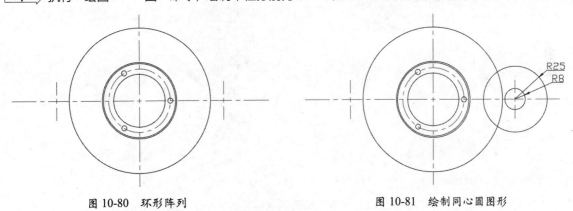

图 10-80　环形阵列　　　　　　　　　　　　图 10-81　绘制同心圆图形

Step 09 执行"修改"→"镜像"命令，镜像复制刚绘制的同心圆图形，如图 10-82 所示。

Step 10 执行"绘图"→"多段线"命令，绘制一条多段线与 3 个同心圆相切，如图 10-83 所示。

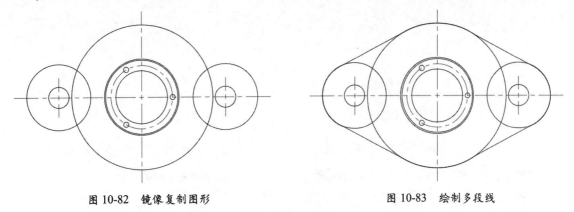

图 10-82　镜像复制图形　　　　　　　　　　图 10-83　绘制多段线

Step 11 > 删除多余的图形,设置"尺寸标注"图层为当前图层,执行"标注"→"线性""半径""直径"和"多重样式"命令,将带座轴承板进行尺寸标注,如图 10-84 所示。

Step 12 > 双击直径为 4mm 的尺寸标注,进入编辑状态,如图 10-85 所示。

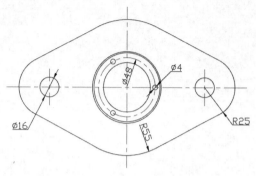

图 10-84 尺寸标注

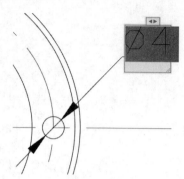

图 10-85 编辑状态

Step 13 > 输入图形组数,对尺寸进行修改,如图 10-86 所示。

Step 14 > 单击绘图区空白处,退出编辑状态,如图 10-87 所示。

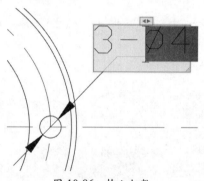

图 10-86 输入组数

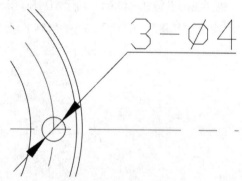

图 10-87 退出编辑状态

Step 15 > 按照同样的方法修改其他尺寸标注,如图 10-88 所示。

Step 16 > 执行"多段线"和"文字注释"命令,绘制表面粗糙度符号,如图 10-89 所示。

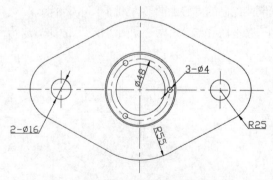

图 10-88 尺寸标注

图 10-89 绘制表面粗糙度符号

Step 17 > 复制并移动表面粗糙度符号,放在绘图区合适位置,完成带座轴承板的绘制,如图 10-90 所示。

Step 18 > 在状态栏上单击"显示线宽"按钮,效果如图 10-91 所示。

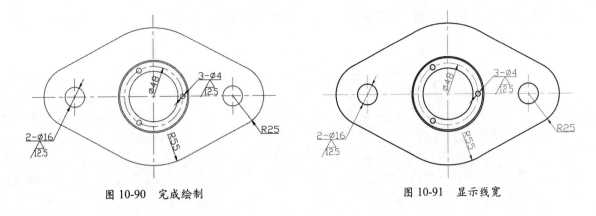

图 10-90　完成绘制　　　　　　　　　　　　　图 10-91　显示线宽

10.3.2　绘制带座轴承板剖面图

　　通过绘制带座轴承板的剖面图，进一步学习机械零件图的绘制，熟悉机械零件的内部构成。下面利用"直线""镜像""修剪"和"图案填充"等命令绘制带座轴承板剖面图，操作步骤如下。

Step 01 设置"轮廓线"图层为当前图层，执行"绘图"→"直线"命令，绘制一个长为 90mm、宽为 18mm 的矩形图形，如图 10-92 所示。

Step 02 执行"修改"→"偏移"命令，将线段向内进行偏移，如图 10-93 所示。

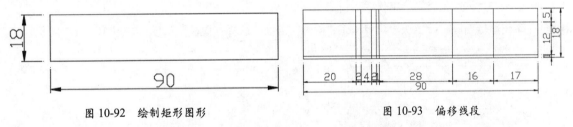

图 10-92　绘制矩形图形　　　　　　　　　　　图 10-93　偏移线段

Step 03 执行"修改"→"修剪"命令，修剪掉多余的线段，如图 10-94 所示。

Step 04 执行"修改"→"倒角"命令，对图形进行倒角操作，设置倒角距离为 1mm，如图 10-95 所示。

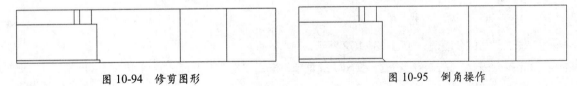

图 10-94　修剪图形　　　　　　　　　　　　　图 10-95　倒角操作

Step 05 删除多余的线段。设置"中心线"图层为当前图层，绘制中心线，并设置线型比例为 0.1，如图 10-96 所示。

Step 06 执行"修改"→"镜像"命令，将绘制好的图形以左侧中心线为镜像线，镜像复制图形，如图 10-97 所示。

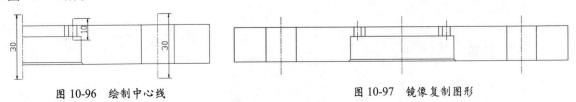

图 10-96　绘制中心线　　　　　　　　　　　　图 10-97　镜像复制图形

Step 07 删除多余的线段。设置"图案填充"图层为当前图层，设置图案名为 ANSI31，比例为 1，其余参数保持默认，如图 10-98 所示。

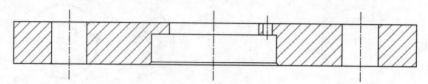

图 10-98 图案填充

Step 08 设置"尺寸标注"图层为当前图层，执行"标注"→"线性"和"多重引线"命令，对带座轴承板进行尺寸标注，如图 10-99 所示。

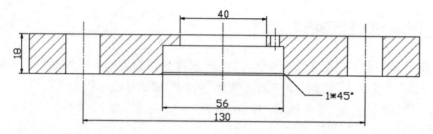

图 10-99 尺寸标注

Step 09 双击尺寸标注，进入编辑状态，如图 10-100 所示。

Step 10 单击鼠标右键，弹出快捷菜单，在"符号"选项中选择"直径"选项，如图 10-101 所示。

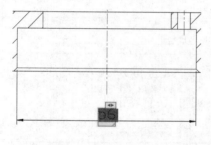

图 10-100 编辑状态

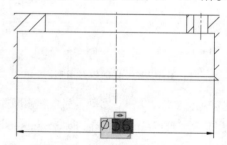

图 10-101 输入直径符号

Step 11 输入图形的公差值，如图 10-102 所示。

Step 12 选择公差值，单击鼠标右键，弹出快捷菜单，选择"堆叠"选项，如图 10-103 所示。

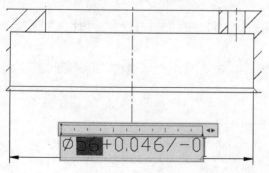

图 10-102 输入公差值

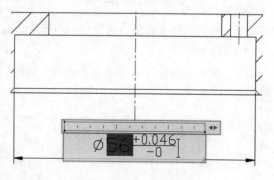

图 10-103 堆叠操作

Step 13 选择堆叠后的公差值,单击鼠标右键,在弹出的快捷菜单中选择"堆叠特性"选项,打开"堆叠特性"对话框,并设置参数,如图 10-104 所示。

Step 14 单击"确定"按钮,返回绘图区,单击绘图区空白处退出编辑状态,如图 10-105 所示。

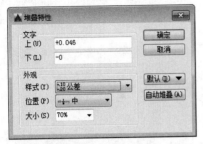

图 10-104　设置堆叠特性参数

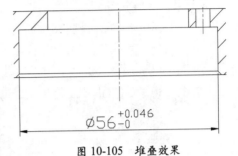

图 10-105　堆叠效果

Step 15 按照同样的方法修改其余尺寸标注,如图 10-106 所示。

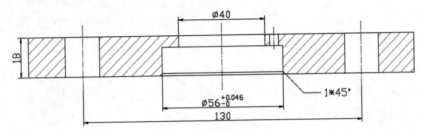

图 10-106　修改尺寸标注

Step 16 复制并移动带座轴承板平面图的表面粗糙度符号,对其值进行修改,完成带座轴承板剖面图的绘制,如图 10-107 所示。

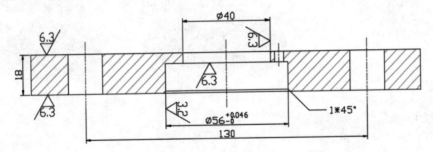

图 10-107　完成绘制

Step 17 在状态栏上单击"显示线宽"按钮,效果如图 10-108 所示。

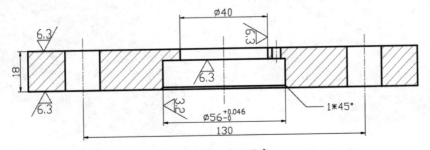

图 10-108　显示线宽

10.3.3 绘制带座轴承板模型

下面将绘制带座轴承板模型。通过学习本案例，读者能够熟练掌握在 AutoCAD 中如何使用"拉伸""差集"等命令将二维图形创建为三维实体，操作步骤如下：

Step 01 复制带座轴承板平面图，删除多余的尺寸标注和线段，如图 10-109 所示。

Step 02 将视图控件转化为"西南等轴测"视图，将视觉样式控件转化为"概念"，执行"绘图"→"建模"→"拉伸"命令，将半径为 20mm 的圆向上拉伸 18mm，如图 10-110 所示。

Step 03 继续执行当前命令，将阵列圆图形向上拉伸 18mm，如图 10-111 所示。

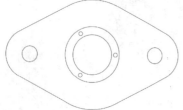 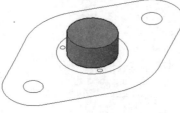 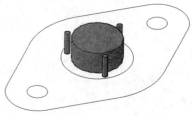

图 10-109 调整图形　　　图 10-110 拉伸图形　　　图 10-111 拉伸图形

Step 04 继续执行当前命令，将半径为 28mm 的圆图形向上拉伸 13mm，如图 10-112 所示。

Step 05 继续执行当前命令，将半径为 8mm 的圆图形和轮廓图形向上拉伸 18mm，如图 10-113 所示。

Step 06 执行"修改"→"实体编辑"→"差集"命令，将拉伸的圆柱体从轮廓实体中减去，如图 10-114 所示。

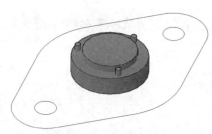 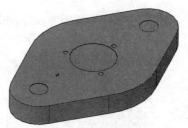 

图 10-112 拉伸图形　　　图 10-113 拉伸图形　　　图 10-114 差集操作

Step 07 按住 Shift 键旋转视口，如图 10-115 所示。

Step 08 执行"修改"→"实体编辑"→"倒角边"命令，设置倒角距离为 1mm，对模型的一条边进行倒角操作，完成带座轴承板模型的绘制，如图 10-116 所示。

图 10-115 旋转视口　　　图 10-116 倒角边操作

10.4 绘制直角支架模型

直角支架常用于型材与型材的直角连接，起支撑作用，连接用的螺栓及螺母需另配。适用于国标和欧标铝型材。

下面将绘制直角支架模型。通过学习本案例，读者能够熟练掌握在 AutoCAD 中如何使用"三维旋转""三维镜像"等命令将二维图形创建为三维实体，操作步骤如下。

Step 01 执行"绘图"→"直线"命令，绘制一个长为 200mm、宽为 180mm 的矩形图形，如图 10-117 所示。

Step 02 执行"修改"→"偏移"命令，将线段向内进行偏移，如图 10-118 所示。

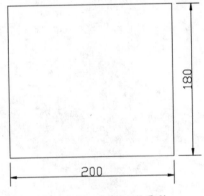

图 10-117　绘制矩形图形

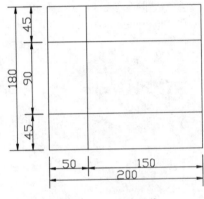

图 10-118　偏移线段

Step 03 执行"绘图"→"圆"命令，捕捉偏移线段的两个交点，绘制两组半径为 20mm 和 30mm 的同心圆图形，如图 10-119 所示。

Step 04 删除多余的线段。执行"修改"→"圆角"命令，设置圆角半径为 30mm，对图形进行圆角操作，如图 10-120 所示。

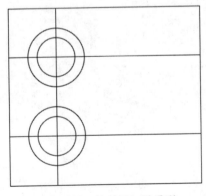

图 10-119　绘制同心圆图形

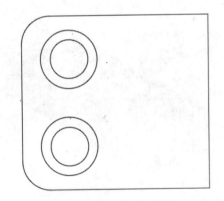

图 10-120　圆角操作

Step 05 将视图控件转化为"西南等轴测"视图，将视觉样式控件转化为"概念"，执行"绘图"→"面域"命令，为绘制的图形创建面域，如图 10-121 所示。

Step 06 执行"绘图"→"建模"→"拉伸"命令，分别将半径为 20mm、30mm 的圆图形向下拉伸

40mm 和 20mm，如图 10-122 所示。

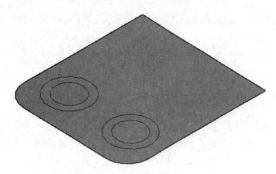

图 10-121　创建面域

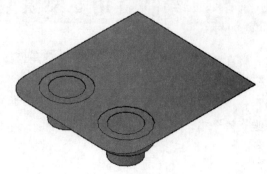

图 10-122　拉伸图形

Step 07 继续执行当前命令，将轮廓图形向下拉伸 40mm，如图 10-123 所示。

Step 08 执行"绘图"→"建模"→"差集"命令，将圆柱体从模型中减去，如图 10-124 所示。

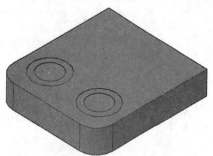

图 10-123　拉伸图形

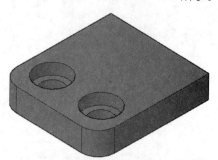

图 10-124　差集操作

Step 09 执行"修改"→"三维操作"→"三维镜像"命令，将实体进行镜像复制，如图 10-125 所示。

Step 10 执行"修改"→"三维操作"→"三维旋转"命令，将镜像复制的实体沿 Y 轴旋转 90°，如图 10-126 所示。

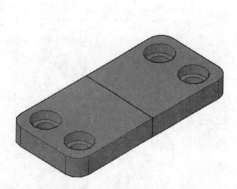

图 10-125　镜像复制实体

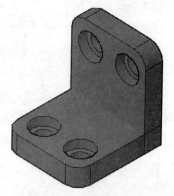

图 10-126　三维旋转操作

Step 11 执行"绘图"→"三维编辑"→"并集"命令，将模型合并为一个整体，如图 10-127 所示。

Step 12 执行"绘图"→"建模"→"楔体"命令，创建底边长为 80mm、宽为 20mm、高为 135mm 的楔体模型，作为支座的直角连接体，将其移至支座的夹角中心位置上，完成直角支架模型的绘制，如图 10-128 所示。

图 10-127　并集操作　　　　　图 10-128　完成绘制

10.5 **绘制机件模型**

　　下面将绘制机件模型。通过学习本案例，读者能够熟练掌握在 AutoCAD 中如何使用"圆柱体""差集"等命令创建三维实体，操作步骤如下。

Step 01 将视图控件转化为"西南等轴测"视图，视觉样式控件转化为"概念"，执行"绘图"→"建模"→"圆柱体"命令，分别绘制半径为 9.5mm、高为 39mm 和半径为 14mm、高为 39mm 的圆柱体。执行"三维旋转"命令，将两个圆柱体以Ｘ轴旋转 90°，如图 10-129 所示。

Step 02 执行"绘图"→"建模"→"长方体"命令，绘制长为 20mm、宽为 8mm、高为 48mm 的长方体，并放在图中合适位置，如图 10-130 所示。

Step 03 继续执行当前命令，绘制长为 20mm、宽为 3mm、高为 20mm 的长方体，放在图中合适位置，如图 10-131 所示。

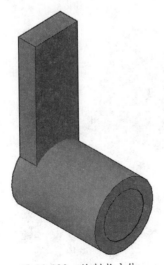
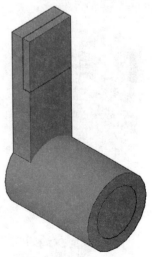

图 10-129　绘制圆柱体　　　　图 10-130　绘制长方体　　　　图 10-131　绘制长方体

Step 04 继续执行当前命令，绘制长为 23mm、宽为 5mm、高为 16mm 的长方体，放在图中合适位置，如图 10-132 所示。

Step 05 执行"绘图"→"建模"→"圆柱体"命令，分别绘制半径为 7.5mm、高为 8mm 的圆柱体，和半径为 3.5mm、高为 5mm 的圆柱体，放在图中合适位置，将大圆柱体以 X 轴旋转 90°，将小圆柱体以 Y 轴旋转 90°，如图 10-133 所示。

Step 06 执行"修改"→"实体编辑"→"差集"命令，将 3 个圆柱体从模型中减去，如图 10-134 所示。

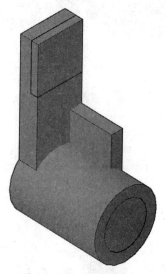

图 10-132 绘制长方体

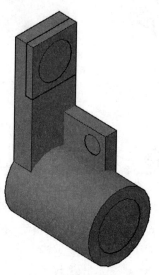

图 10-133 绘制圆柱体

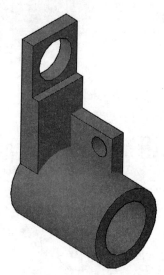

图 10-134 差集操作

Step 07 执行"修改"→"实体编辑"→"圆角边"命令，设置圆角半径为 10mm，将大长方体进行圆角操作，如图 10-135 所示。

Step 08 继续执行当前命令，设置圆角半径为 8mm，将小长方体进行圆角操作，如图 10-136 所示。

Step 09 执行"修改"→"实体编辑"→"并集"命令，将模型合并为一个整体，如图 10-137 所示。至此，机件模型绘制完毕。

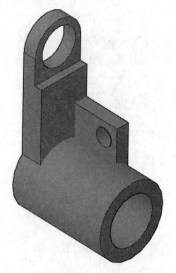

图 10-135 圆角操作

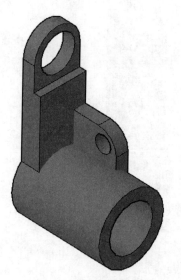

图 10-136 圆角操作

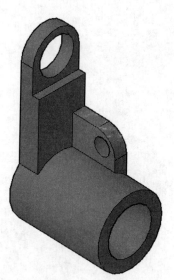

图 10-137 完成绘制

第**11**章

绘制盘盖类零件图

　　盘盖类零件一般是指法兰盘、端盘、透盖等。这类零件在机器中主要起到支撑、轴向定位及密封作用。它的形状一般为扁平状，常见的结构有凸台、凹陷、螺纹孔和销孔等。本章将以油泵泵盖和法兰盘为例，来介绍盘盖类零件图的绘制方法。

11.1　绘制油泵泵盖零件图

　　齿轮油泵主要由齿轮、轴、泵体、泵盖、轴承套、轴端密封等组成。齿轮油泵适用于输送各种有润滑性的液体，温度不高于 70℃，如温度高于 200℃，使用耐高温材料即可。该泵不适合输送具有腐蚀性的、含硬质颗粒或纤维的、高度挥发或闪点低的液体，如汽油等。

11.1.1　绘制泵盖平面图

　　下面将绘制泵盖平面图，其中所涉及的命令有偏移、圆、修剪、尺寸标注等。操作步骤如下。

Step 01 启动 AutoCAD 2016 软件，新建空白文档，将其保存为"泵盖平面图"文件。新建"中心线""轮廓线"和"尺寸标注"等图层，设置图层颜色、线型及线宽，如图 11-1 所示。

Step 02 设置"中心线"图层为当前层，执行菜单栏中的"绘图"→"直线"命令，绘制两条长均为 90mm 的垂直中心线，并设置线型比例为 0.2，如图 11-2 所示。

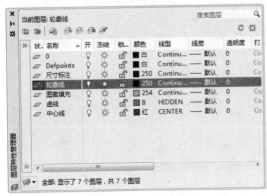

图 11-1　新建图层

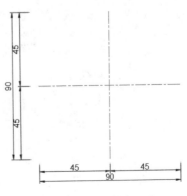

图 11-2　绘制中心线

Step 03 执行菜单栏中的"修改"→"偏移"命令，将水平方向的中心线向下偏移4mm，如图11-3所示。

Step 04 设置"轮廓线"图层为当前层，执行菜单栏中的"绘图"→"圆"命令，捕捉中心线的交点，绘制半径分别为9mm、10mm、14mm、15mm、34mm、42mm的同心圆，如图11-4所示。

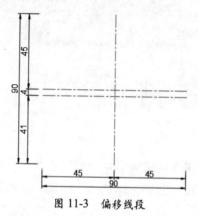

图 11-3　偏移线段

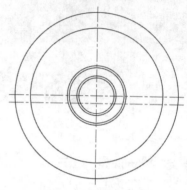

图 11-4　绘制同心圆

Step 05 执行菜单栏中的"绘图"→"圆"命令，绘制半径分别为5mm、8mm的同心圆，如图11-5所示。

Step 06 继续执行当前命令，绘制两组半径分别为5mm、8mm的同心圆，如图11-6所示。

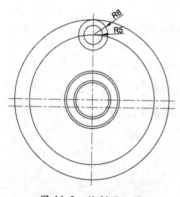

图 11-5　绘制同心圆

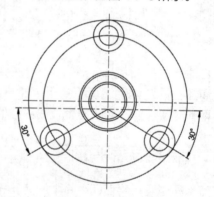

图 11-6　绘制同心圆

Step 07 执行菜单栏中的"绘图"→"圆"命令，捕捉水平中心线和半径为34mm圆图形的交点，绘制半径分别为3mm和8mm的同心圆图形，如图11-7所示。

Step 08 执行菜单栏中的"修改"→"修剪"命令，修剪掉多余的线段，如图11-8所示。

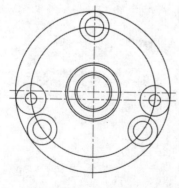

图 11-7　绘制同心圆

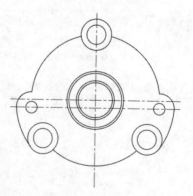

图 11-8　修剪多余图形

Step 09 > 执行菜单栏中的"修改"→"圆角"命令,根据命令行提示设置圆角半径为 2mm,对图形进行圆角操作,如图 11-9 所示。

Step 10 > 设置"中心线"图层为当前层,执行菜单栏中的"绘图"→"圆"命令,捕捉同心圆的圆心,绘制半径为 34mm 的同心圆,设置颜色为黑色,线型比例为 0.2,如图 11-10 所示。

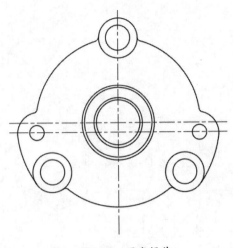

图 11-9　圆角操作

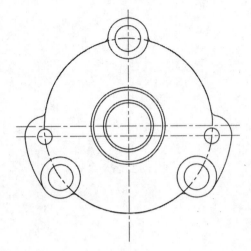

图 11-10　绘制圆图形

Step 11 > 继续执行当前命令,绘制长为 20mm,角度为 30°的中心线,如图 11-11 所示。

Step 12 > 设置"尺寸标注"图层为当前图层,执行菜单栏中的"标注"命令,对泵盖平面图进行尺寸标注,单位 mm,如图 11-12 所示。

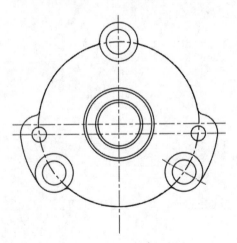

图 11-11　绘制中心线

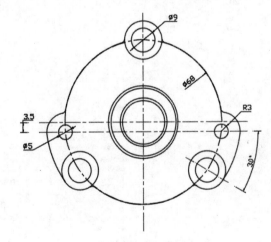

图 11-12　尺寸标注

Step 13 > 双击标注的尺寸,进入编辑状态,添加直径符号,修改后的尺寸标注如图 11-13 所示。

Step 14 > 双击标注的尺寸,进入编辑状态,如图 11-14 所示。

Step 15 > 对标注进行图形组数添加,如图 11-15 所示。

Step 16 > 设置文字高度为 1.5mm,继续输入直径公差值,如图 11-16 所示。

Step 17 > 选中公差值,单击鼠标右键,弹出快捷菜单,如图 11-17 所示。

Step 18 > 在弹出的快捷菜单中选择"堆叠"选项,设置效果如图 11-18 所示。

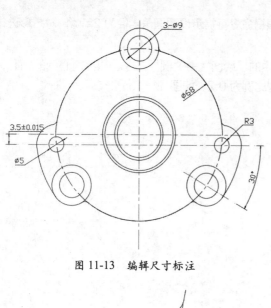

图 11-13 编辑尺寸标注

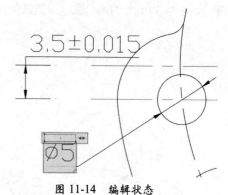

图 11-14 编辑状态

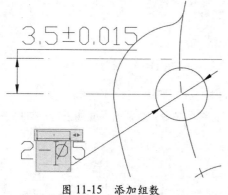

图 11-15 添加组数

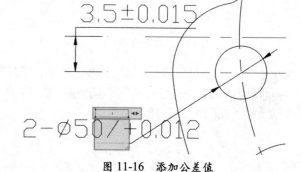

图 11-16 添加公差值

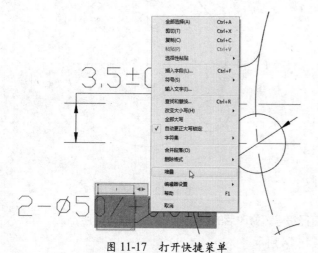

图 11-17 打开快捷菜单

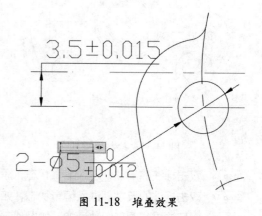

图 11-18 堆叠效果

Step 19 选中堆叠后的公差值，单击鼠标右键，在弹出的快捷菜单中选择"堆叠特性"选项，打开"堆叠特性"对话框，并设置其特性，如图 11-19 所示。

Step 20 单击"确定"按钮，效果如图 11-20 所示。

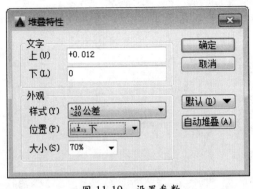

图 11-19　设置参数

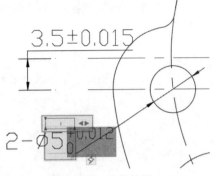

图 11-20　设置结果

Step 21 在绘图区空白处单击鼠标左键，退出编辑状态，如图 11-21 所示。

Step 22 执行菜单栏中的"标注"→"多重引线"命令，为图形添加引线标注，如图 11-22 所示。

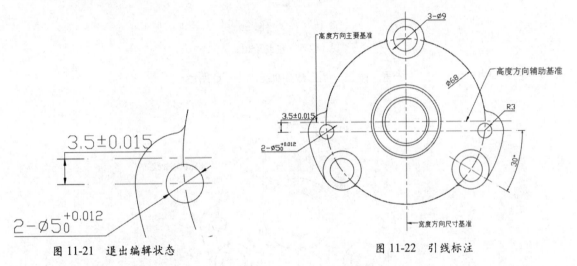

图 11-21　退出编辑状态

图 11-22　引线标注

Step 23 执行菜单栏中的"多段线"和"文字注释"命令，绘制表面粗糙符号，如图 11-23 所示。

Step 24 将表面粗糙符号复制、移动到绘图区合适位置，并对文字注释进行修改，如图 11-24 所示。

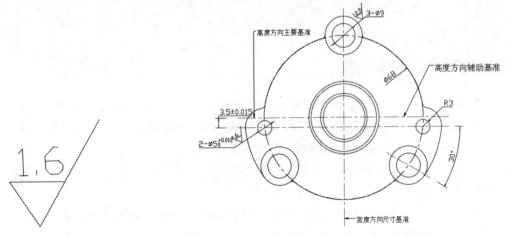

图 11-23　绘制表面粗糙符号

图 11-24　复制、移动表面粗糙符号

Step 25 执行菜单栏中的"绘图"→"文字注释"命令，为图形添加文字注释，完成泵盖平面图的绘制，如图 11-25 所示。

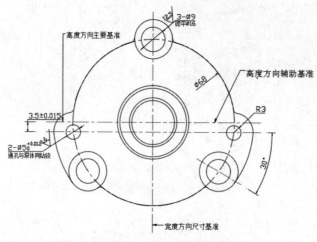

图 11-25　完成绘制

Step 26 在状态栏中单击"显示线宽"按钮，图形效果如图 11-26 所示。

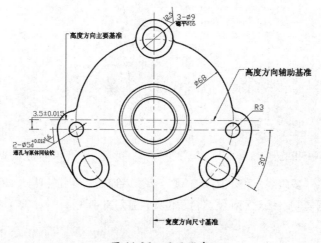

图 11-26　显示线宽

11.1.2　绘制泵盖剖面图

剖面图一般用于工程施工图和机械零部件的设计中，以补充和完善设计文件，是对工程施工图和机械零部件设计的详细设计，用于指导工程施工作业和机械加工。下面利用"镜像""直线""修剪"等命令，绘制泵盖剖面图形，操作步骤如下。

Step 01 执行菜单栏中的"绘图"→"直线"命令，绘制长为 38mm、宽为 15mm 的矩形图形，如图 11-27 所示。

Step 02 执行菜单栏中的"修改"→"偏移"命令，将矩形边线向内进行偏移，如图 11-28 所示。

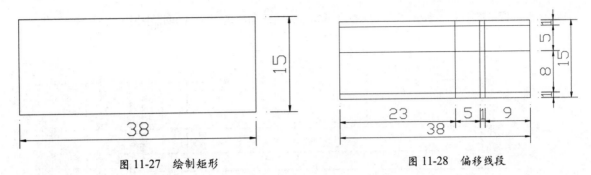

图 11-27 绘制矩形　　　　　　　　　　　　　图 11-28 偏移线段

Step 03 执行菜单栏中的"修改"→"修剪"命令，修剪掉多余的线段，如图 11-29 所示。

Step 04 执行菜单栏中的"修改"→"倒角"命令，根据命令行提示，设置角度为45°，将图形进行倒角操作，如图 11-30 所示。

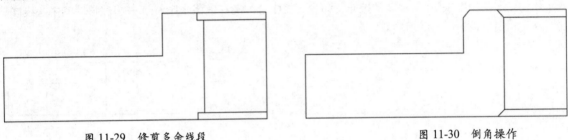

图 11-29 修剪多余线段　　　　　　　　　　　图 11-30 倒角操作

Step 05 执行菜单栏中的"修改"→"圆角"命令，根据命令行提示设置圆角半径为 2mm，将图形进行圆角操作，如图 11-31 所示。

Step 06 删除掉多余的线段，设置"中心线"图层为当前层，绘制一条长为 20mm 的中心线，并设置线型比例为 0.1，如图 11-32 所示。

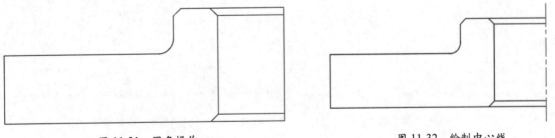

图 11-31 圆角操作　　　　　　　　　　　　　图 11-32 绘制中心线

Step 07 执行菜单栏中的"修改"→"镜像"命令，以中心线为镜像线，镜像左侧图形，结果如图 11-33 所示。

Step 08 执行菜单栏中的"修改"→"圆角"命令，根据命令行提示设置圆角半径为 2mm，将图形进行圆角操作，如图 11-34 所示。

图 11-33 镜像操作　　　　　　　　　　　　　图 11-34 圆角操作

Step 09 执行菜单栏中的"修改"→"偏移"命令，将线段向内进行偏移，如图 11-35 所示。

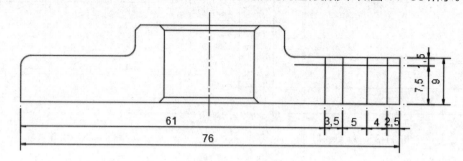

图 11-35 偏移线段

Step 10 执行菜单栏中的"修改"→"修剪"命令，修剪掉多余的线段，如图 11-36 所示。

Step 11 执行菜单栏中的"偏移""拉伸"命令，将中心线向右偏移 31mm，并将偏移后的中心线修剪至 12mm 长，如图 11-37 所示。

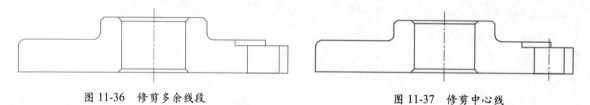

图 11-36 修剪多余线段   图 11-37 修剪中心线

Step 12 设置"图案填充"图层为当前层，执行菜单栏中的"绘图"→"图案填充"命令，设置图案名为 ANSI31，比例为 0.5，其余参数保持不变，并选择填充区域，如图 11-38 所示。

Step 13 设置"尺寸标注"图层为当前层，执行菜单栏中的"标注"→"线性"命令，对泵盖剖面进行尺寸标注，完成其剖面图的绘制，如图 11-39 所示。

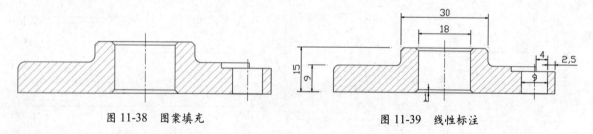

图 11-38 图案填充   图 11-39 线性标注

Step 14 双击尺寸标注，进入编辑状态，如图 11-40 所示。

Step 15 单击鼠标右键，弹出快捷菜单，在"符号"选项中选择"直径"符号，如图 11-41 所示。

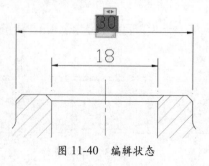

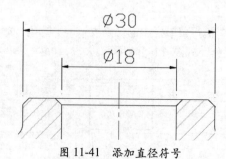

图 11-40 编辑状态   图 11-41 添加直径符号

Step 16 双击尺寸标注进入编辑状态，并输入公差值，如图 11-42 所示。

Step 17 选择公差值，单击鼠标右键，选择"堆叠"选项，如图 11-43 所示。

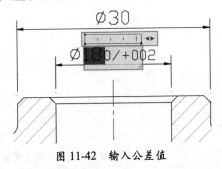

图 11-42　输入公差值

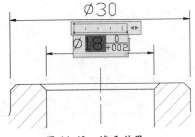

图 11-43　堆叠效果

Step 18 选择调整后的公差值，单击鼠标右键，选择"堆叠特性"选项，打开"堆叠特性"对话框，设置其参数，如图 11-44 所示。

Step 19 单击"确定"按钮，返回绘图区，效果如图 11-45 所示。

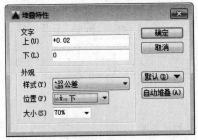

图 11-44　设置堆叠特性

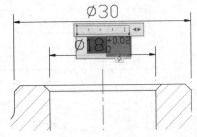

图 11-45　设置结果

Step 20 在绘图区空白区域单击鼠标左键退出编辑状态，如图 11-46 所示。

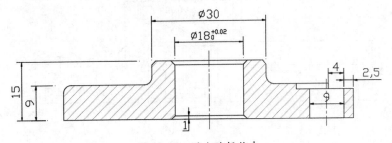

图 11-46　退出编辑状态

Step 21 执行菜单栏中的"标注"→"半径"命令，标注圆角半径尺寸，如图 11-47 所示。

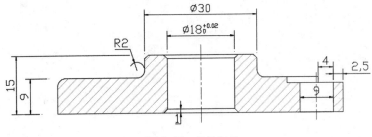

图 11-47　半径标注

Step 22 执行菜单栏中的"标注"→"多重引线"命令,为倒角进行尺寸标注,如图 11-48 所示。

Step 23 执行菜单栏中的"多段线""文字注释"命令,绘制表面粗糙符号,如图 11-49 所示。

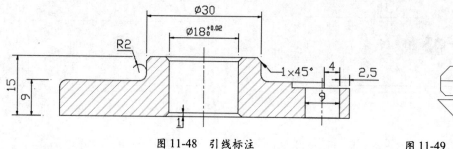

图 11-48 引线标注　　　　　　　　图 11-49 绘制表面粗糙符号

Step 24 执行菜单栏中的"复制"和"旋转"命令,将表面粗糙符号复制、移动到合适位置,如图 11-50 所示。

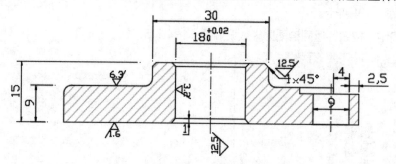

图 11-50 复制、移动表面粗糙符号

Step 25 执行菜单栏中的"直线"和"多重引线"命令,绘制引线,如图 11-51 所示。

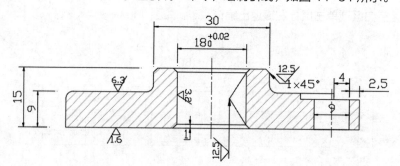

图 11-51 绘制引线

Step 26 执行菜单栏中的"直线"和"文字注释"命令,为图形添加文字注释,如图 11-52 所示。

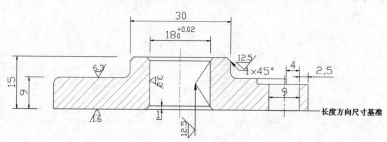

图 11-52 添加文字注释

Step 27 执行菜单栏中的 "标注" → "公差" 命令，打开 "形位公差" 对话框，并设置参数，如图 11-53 所示。

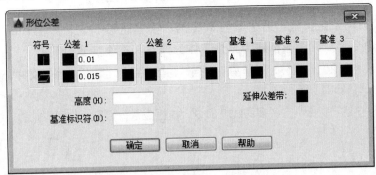

图 11-53 "形位公差" 对话框

Step 28 单击 "确定" 按钮，将创建好的公差标注移动到绘图区合适位置，如图 11-54 所示。

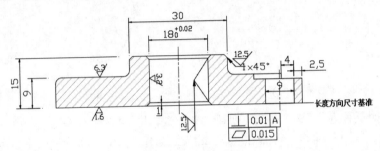

图 11-54 移动公差

Step 29 执行菜单栏中的 "绘图" → "直线" 命令，绘制公差标注的引线，至此，完成泵盖剖面图的绘制，如图 11-55 所示。

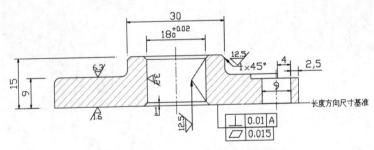

图 11-55 绘制完成

Step 30 在状态栏上单击 "显示线宽" 按钮，效果如图 11-56 所示。

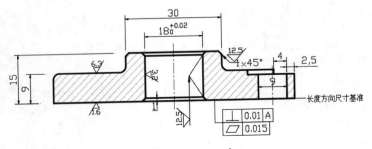

图 11-56 显示线宽

11.1.3 绘制油泵泵盖模型

下面将绘制油泵泵盖模型。通过学习本案例，读者能够熟练掌握在 AutoCAD 中使用"拉伸""差集"等命令将二维图形创建为三维实体的操作，操作步骤如下。

Step 01 启动 AutoCAD 2016 软件，新建空白文档，将其保存为"泵盖模型"文件，复制泵盖平面图并删除多余的尺寸标注，如图 11-57 所示。

Step 02 执行菜单栏中的"绘图"→"多段线"命令，根据命令行提示绘制图形轮廓，如图 11-58 所示。

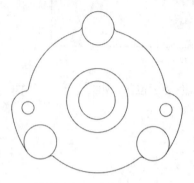

图 11-57　调整图形结果

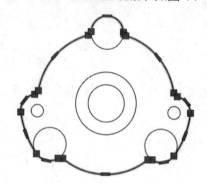

图 11-58　绘制多段线

Step 03 将视图控件转化为"西南等轴测"视图，将视觉样式控件转化为"概念"，执行菜单栏中的"绘图"→"建模"→"拉伸"命令，将中间的同心圆向上拉伸 15mm，如图 11-59 所示。

Step 04 继续执行当前命令，将其余圆图形向上拉伸 9mm，如图 11-60 所示。

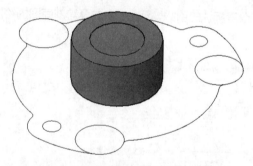

图 11-59　拉伸图形

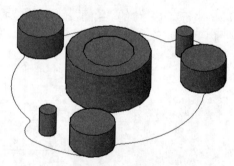

图 11-60　拉伸图形

Step 05 继续执行当前命令，将轮廓图形向上拉伸 9mm，如图 11-61 所示。

Step 06 执行菜单栏中的"修改"→"实体编辑"→"差集"命令，将圆柱体从模型中减去，如图 11-62 所示。

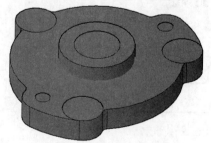

图 11-61　拉伸图形

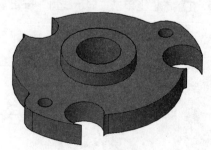

图 11-62　差集操作

Step 07 执行菜单栏中的"绘图"→"建模"→"圆柱体"命令，绘制底面半径分别为 4.5mm、8mm，高为 7.5mm 的圆柱体，如图 11-63 所示。

Step 08 执行菜单栏中的"修改"→"实体编辑"→"差集"命令，将小圆柱体从大圆柱体中减去，如图 11-64 所示。

图 11-63　绘制圆柱体

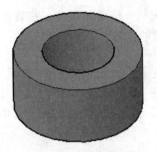

图 11-64　差集图形

Step 09 执行菜单栏中的"修改"→"复制"命令，将删减后的圆柱体模型进行复制，并放置在绘图区合适位置，如图 11-65 所示。

Step 10 执行菜单栏中的"修改"→"实体编辑"→"并集"命令，将模型合并成一个整体，如图 11-66 所示。

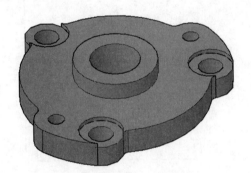

图 11-65　复制、移动图形

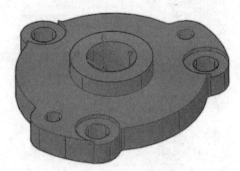

图 11-66　并集操作

Step 11 执行菜单栏中的"修改"→"实体编辑"→"倒角边"命令，根据命令行提示，设置倒角距离为 1mm，对实体模型进行倒角操作，如图 11-67 所示。

Step 12 执行菜单栏中的"修改"→"实体编辑"→"圆角边"命令，根据命令行提示，设置圆角半径为 1mm，将泵盖轮廓边进行倒圆角操作。至此，完成了泵盖模型的绘制，如图 11-68 所示。

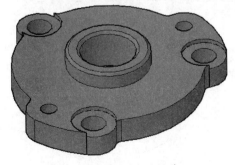

图 11-67　倒角边操作

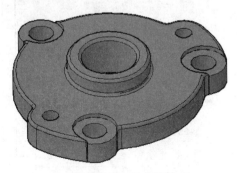

图 11-68　完成绘制

11.2 绘制法兰盘零件图

法兰盘简称法兰，通常是指在一个类似盘状的金属体周边开上几个固定用的孔用于连接其他部件。法兰是一种盘状零件，在管道工程中最为常见，一般成对使用。在管道工程中，法兰主要用于管道的连接。

11.2.1 绘制法兰盘平面图

下面将绘制法兰盘平面图，其中涉及的命令有偏移、环形阵列、镜像等，操作步骤如下。

Step 01 启动 AutoCAD 2016 软件，新建空白文档，将其保存为"法兰盘平面图"文件。新建"中心线""轮廓线"和"尺寸标注"等图层，设置图层颜色、线型及线宽，如图 11-69 所示。

Step 02 设置"中心线"图层为当前图层，执行菜单栏中的"绘图"→"直线"命令，绘制两条长65mm 的中心线，并设置线型比例为 0.2，如图 11-70 所示。

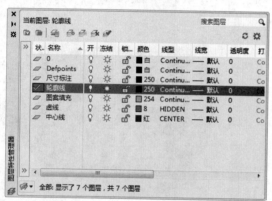

图 11-69　创建图层

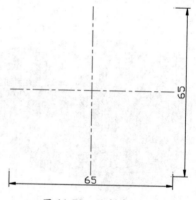

图 11-70　绘制中心线

Step 03 执行菜单栏中的"修改"→"偏移"命令，将线段进行偏移操作，如图 11-71 所示。

Step 04 设置"轮廓线"图层为当前图层，执行菜单栏中的"绘图"→"圆"命令，绘制半径分别为 4.5mm、6.5mm、12.5mm、14.5mm、17.9mm、29.3mm 的同心圆图形，如图 11-72 所示。

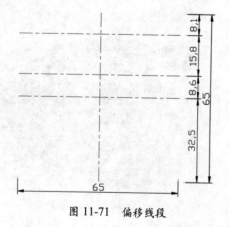

图 11-71　偏移线段

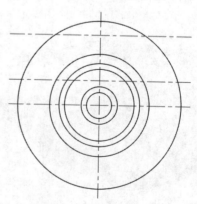

图 11-72　绘制同心圆图形

Step 05 继续执行当前命令，绘制半径为 1.6mm 和 2.1mm 的同心圆图形，如图 11-73 所示。

Step 06 执行菜单栏中的"修改"→"镜像"命令，镜像复制上一步绘制的同心圆图形，如图 11-74 所示。

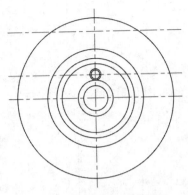

图 11-73 绘制同心圆图形

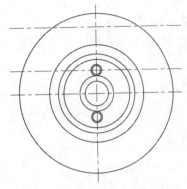

图 11-74 镜像操作

Step 07 执行菜单栏中的"绘图"→"圆"命令，绘制半径为 1.8mm 的圆图形，如图 11-75 所示。

Step 08 执行菜单栏中的"修改"→"阵列"→"环形阵列"命令，设置项目数为 6，介于 60，其余参数保持不变，如图 11-76 所示。

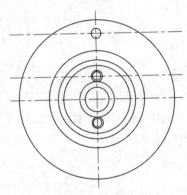

图 11-75 绘制圆图形

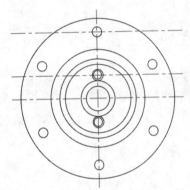

图 11-76 环形阵列操作

Step 09 删除多余的中心线。设置"尺寸标注"为当前图层，执行菜单栏中的"标注"→"半径"命令，对法兰盘进行尺寸标注，完成法兰盘平面图的绘制，如图 11-77 所示。

Step 10 在状态栏上单击"显示线宽"按钮，效果如图 11-78 所示。

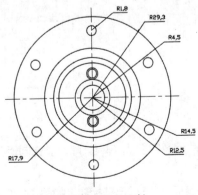

图 11-77 完成绘制

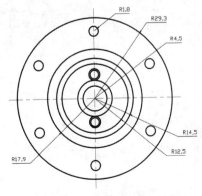

图 11-78 显示线宽

11.2.2　绘制法兰盘剖面图

　　下面利用"镜像""图案填充""修剪"等命令，绘制法兰盘剖面图形，操作步骤如下。

Step 01 设置"轮廓线"图层为当前图层，执行菜单栏中的"绘图"→"直线"命令，绘制一个长为29.3mm、宽为42.9mm的矩形图形，如图11-79所示。

Step 02 执行菜单栏中的"修改"→"偏移"命令，将矩形边线向内进行偏移，如图11-80所示。

Step 03 执行菜单栏中的"修改"→"修剪"命令，修剪掉多余的线段，如图11-81所示。

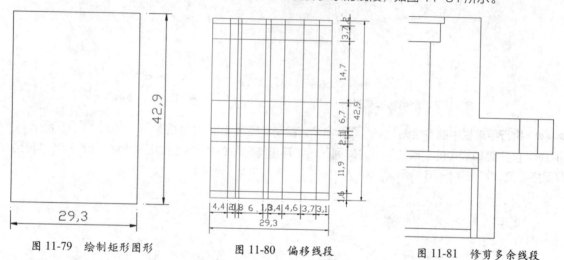

图 11-79　绘制矩形图形　　　　图 11-80　偏移线段　　　　图 11-81　修剪多余线段

Step 04 执行菜单栏中的"绘制"→"倒角"命令，对图形进行倒角操作，如图11-82所示。

Step 05 设置"中心线"图层为当前图层，绘制中心线，设置线型比例为0.1，如图11-83所示。

Step 06 执行菜单栏中的"修改"→"镜像"命令，以中心线为镜像线将右侧图形进行镜像，如图11-84所示。

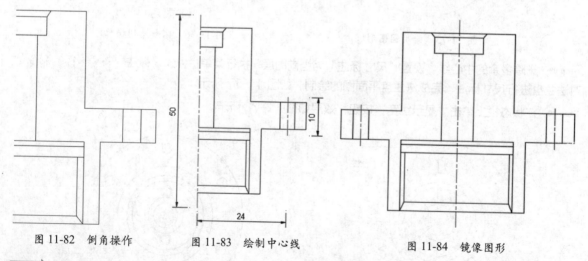

图 11-82　倒角操作　　　　图 11-83　绘制中心线　　　　图 11-84　镜像图形

Step 07 执行菜单栏中的"绘图"→"图案填充"命令，设置图案名为 ANSI31，填充剖面区域，如图11-85所示。

Step 08 执行菜单栏中的"标注"→"线性"命令，对法兰盘剖面图进行尺寸标注，如图11-86所示。

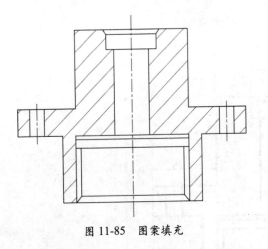

图 11-85　图案填充

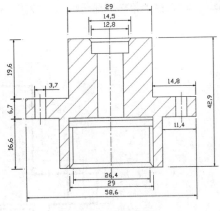

图 11-86　线性标注

Step 09 双击尺寸标注，进入编辑状态，如图 11-87 所示。

Step 10 单击鼠标右键，弹出快捷菜单，在"符号"选项中选择"直径"符号，如图 11-88 所示。

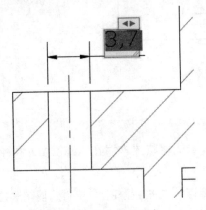

图 11-87　编辑状态

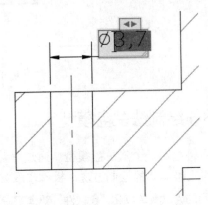

图 11-88　添加直径符号

Step 11 在绘图区空白处单击鼠标左键退出编辑状态，如图 11-89 所示。

Step 12 按照同样的方法，完成其他尺寸的修改，如图 11-90 所示。

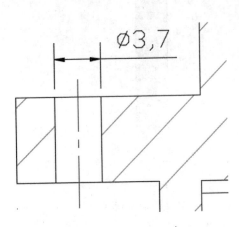

图 11-89　退出编辑状态

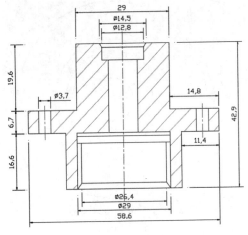

图 11-90　尺寸标注

Step 13 在状态栏上单击"显示线宽"按钮，效果如图 11-91 所示。

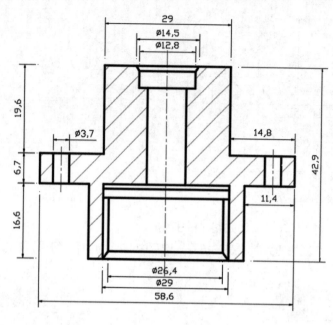

图 11-91　显示线宽

11.2.3　绘制法兰盘模型

下面将绘制一个法兰盘模型。通过学习本案例，读者能够熟练掌握在 AutoCAD 中将二维图形创建为三维实体的绘制方法，操作步骤如下。

Step 01 启动 AutoCAD 2016 软件，新建空白文档，将其保存为"法兰盘模型"文件，复制法兰盘平面图并删除多余的尺寸标注，如图 11-92 所示。

Step 02 将视图控件转化为"西南等轴测"视图，将视觉样式控件转化为"概念"，执行菜单栏中的"绘图"→"建模"→"拉伸"命令，将半径为 4.5mm 的圆图形向上拉伸 42.9mm，如图 11-93 所示。

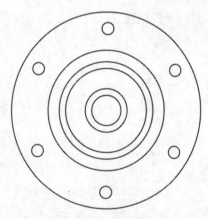

图 11-92　复制并修剪图形

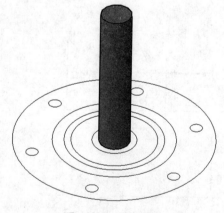

图 11-93　拉伸操作

Step 03 执行菜单栏中的"绘图"→"建模"→"拉伸"命令，将半径为 6.5mm 的圆图形向上拉伸 4.9mm，如图 11-94 所示。

Step 04 执行菜单栏中的"修改"→"三维操作"→"三维移动"命令，将刚拉伸出来的圆柱体沿 Z 轴向上移动 38mm，如图 11-95 所示。

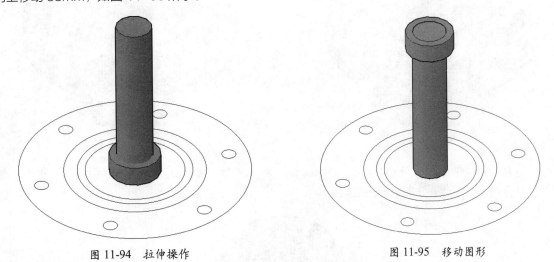

图 11-94 拉伸操作　　　　　　　　　图 11-95 移动图形

Step 05 执行菜单栏中的"绘图"→"建模"→"拉伸"命令，将半径为 12.5mm 的圆图形向上拉伸 13.5mm，如图 11-96 所示。

Step 06 继续执行当前命令，分别将半径为 14.5mm 和 17.9mm 的圆图形向上拉伸 42.9mm 和 23.3mm，如图 11-97 所示。

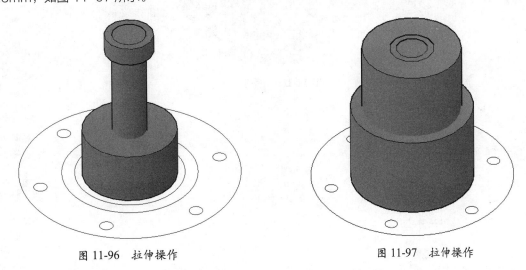

图 11-96 拉伸操作　　　　　　　　　图 11-97 拉伸操作

Step 07 继续执行当前命令，将阵列的圆图形和半径为 29.3mm 的圆图形向上拉伸 6.7mm，并沿 Z 轴向上移动 16.6mm，如图 11-98 所示。

Step 08 执行菜单栏中的"修改"→"实体编辑"→"差集"命令，对模型进行差集操作，如图 11-99 所示。

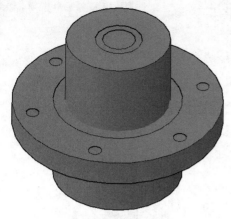

图 11-98　拉伸操作

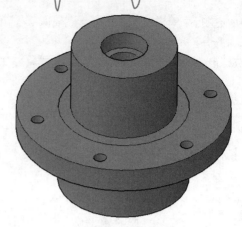

图 11-99　差集操作

Step 09 执行菜单栏中的"修改"→"实体编辑"→"并集"命令，将模型合并成一个整体，如图 11-100 所示。至此，法兰盘模型绘制完毕。

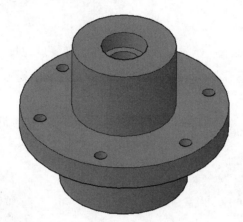

图 11-100　并集操作

第 **12** 章

绘制轴套类零件图

轴套类零件的主体为回转类结构，是由若干个同轴回转体组合而成，径向尺寸小，轴向尺寸大。轴套零件可分为轴类和套类。本章将以阶梯轴零件图和传动轴零件图为例，来向用户介绍机械制图中，轴套类零件图的绘制方法。

12.1 绘制阶梯轴零件图

阶梯轴零件广泛应用于机械、航空、航海等工业，其强度对整台机器寿命影响很大，质量的优劣直接影响着机器的工作性能和使用寿命，因此对其材质、表面质量及综合机械性能均要求很高。下面将以绘制阶梯轴正立面图、剖面图、三维模型来介绍机件的绘制方法。

12.1.1 绘制阶梯轴正立面图

下面将绘制阶梯轴正立面图，其中涉及的二维命令有直线、圆角、尺寸标注、公差值设置等。操作步骤如下。

Step 01 启动 AutoCAD 2016 软件，新建空白文档，将其保存为"阶梯轴"文件。新建"中心线""轮廓线"和"尺寸标注"等图层，设置图层颜色、线型及线宽，如图 12-1 所示。

Step 02 设置"轮廓线"图层为当前层，执行"绘图"→"直线"命令，绘制长为 40mm、宽为 24mm 的矩形图形，如图 12-2 所示。

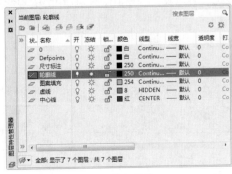

图 12-1　创建图层

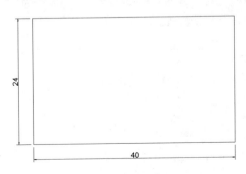

图 12-2　绘制矩形

Step 03 继续执行当前命令，分别绘制长为 32mm、宽为 25mm 和长为 4mm、宽为 28mm 的矩形图形，并捕捉宽边的中点进行对齐操作，如图 12-3 所示。

Step 04 按照同样的方法，分别绘制长为 39mm、宽为 25mm 和长为 45mm、宽为 24mm 的矩形图形，如图 12-4 所示。

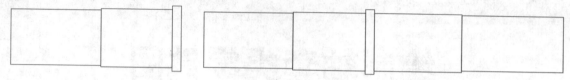

图 12-3　对齐操作　　　　　　　　　　　　图 12-4　绘制矩形

Step 05 执行"修改"→"偏移"命令，将两侧线段向内偏移 1mm，如图 12-5 所示。

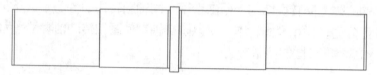

图 12-5　偏移线段

Step 06 执行"修改"→"倒角"命令，根据命令行提示设置距离为 1mm，选择所需的倒角边进行倒角操作，结果如图 12-6 所示。

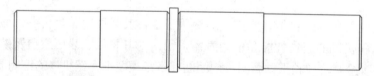

图 12-6　倒角操作

Step 07 执行"修改"→"圆角"命令，根据命令行提示设置圆角半径为 0.5mm，将图形进行倒圆角操作，如图 12-7 所示。

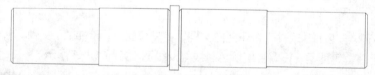

图 12-7　圆角操作

Step 08 执行"绘图"→"直线"命令，绘制长为 34mm、宽为 8mm 和长为 39mm、宽为 8mm 的矩形图形，并放在图形的合适位置，如图 12-8 所示。

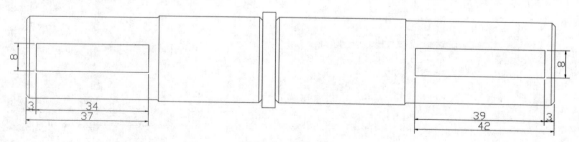

图 12-8　绘制矩形

Step 09 执行"修改"→"圆角"命令，设置圆角半径为 4mm，将两个矩形图形进行圆角处理，如图 12-9 所示。

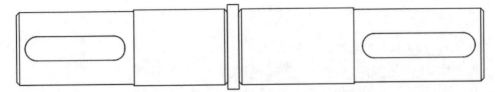

图 12-9　圆角操作

Step 10 设置"中心线"图层为当前层，执行"绘图"→"直线"命令，分别绘制长 170mm 和 12mm 的中心线，并设置线型比例为 0.2，如图 12-10 所示。

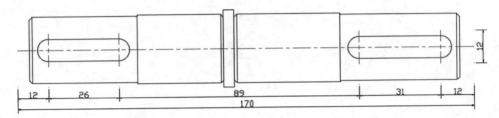

图 12-10　绘制中心线

Step 11 设置"尺寸标注"图层为当前层，执行"标注"→"线性""半径"和"多重引线"命令，对阶梯轴正立面图进行尺寸标注，如图 12-11 所示。

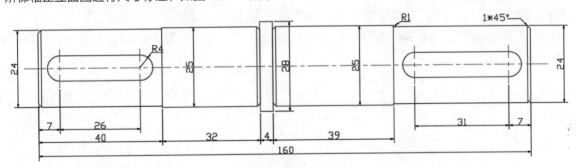

图 12-11　尺寸标注

Step 12 双击左侧竖向尺寸标注，进入编辑状态，输入直径符号以及公差值，如图 12-12 所示。

Step 13 选中公差值，单击鼠标右键，在弹出的快捷菜单中选择"堆叠"选项，其效果如图 12-13 所示。

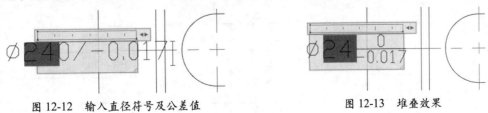

图 12-12　输入直径符号及公差值　　　　图 12-13　堆叠效果

Step 14 选中堆叠后的公差值，单击鼠标右键，在弹出的快捷菜单中选择"堆叠特性"选项，打开"堆叠特性"对话框，并设置其特性，如图 12-14 所示。

Step 15 单击"确定"按钮，在绘图区空白处单击鼠标左键，退出编辑状态，效果如图 12-15 所示。

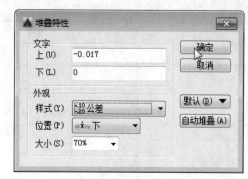

图 12-14　设置堆叠特性

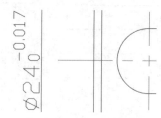

图 12-15　退出编辑状态

Step 16　按照相同的方法，修改其他尺寸标注，如图 12-16 所示。

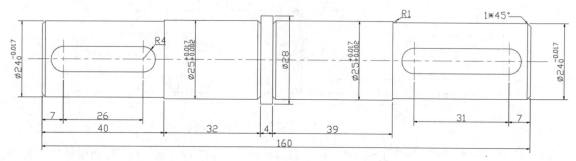

图 12-16　完成标注

Step 17　执行"多段线"和"文字注释"命令，绘制表面粗糙符号，如图 12-17 所示。

Step 18　将表面粗糙符号复制并移动到绘图区合适位置，完成阶梯轴正立面图的绘制，如图 12-18 所示。

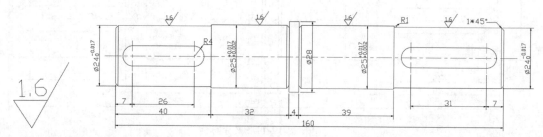

图 12-17　绘制表面粗糙符号　　　　　　　　　图 12-18　完成绘制

Step 19　在状态栏上单击"显示线宽"按钮，效果如图 12-19 所示。

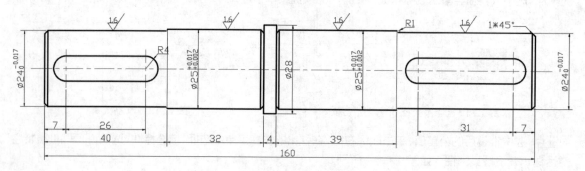

图 12-19　显示线宽

12.1.2 绘制阶梯轴剖面图

下面利用"圆""直线""修剪"等命令，绘制阶梯轴剖面图形，操作步骤如下。

Step 01 设置"中心线"图层为当前层，绘制两条长 30mm 垂直的中心线，并设置线型比例为 0.2，如图 12-20 所示。

Step 02 设置"轮廓线"图层为当前层，执行"绘图"→"圆"命令，捕捉中心线的交点，绘制半径为 12mm 的圆图形，如图 12-21 所示。

Step 03 执行"绘图"→"直线"命令，绘制长 4mm、宽为 8mm 的矩形图形，捕捉矩形图形宽边的中点，移动到圆图形边上，如图 12-22 所示。

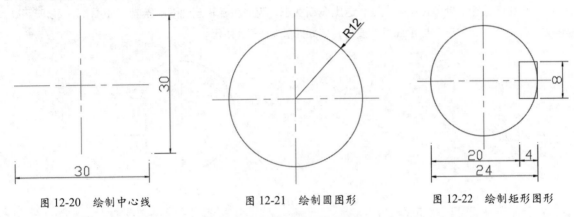

| 图 12-20 绘制中心线 | 图 12-21 绘制圆图形 | 图 12-22 绘制矩形图形 |

Step 04 执行"修改"→"修剪"命令，修剪掉多余的线段，如图 12-23 所示。

Step 05 设置"填充"图层为当前层，执行"绘图"→"图案填充"命令，设置图案名为 ANSI31，其余参数保持不变，如图 12-24 所示。

Step 06 设置"尺寸标注"图层为当前层，执行"标注"→"线性"命令，对阶梯轴剖面图进行尺寸标注，完成阶梯轴剖面图的绘制，如图 12-25 所示。

| 图 12-23 修剪多余线段 | 图 12-24 图案填充 | 图 12-25 尺寸标注 |

Step 07 双击尺寸标注，进入编辑状态，输入直径符号及公差值，如图 12-26 所示。

Step 08 选中公差值，单击鼠标右键，在弹出的快捷菜单中选择"堆叠"选项，效果如图 12-27 所示。

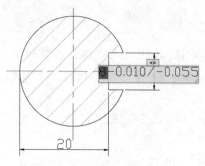

图 12-26　输入直径符号及公差值

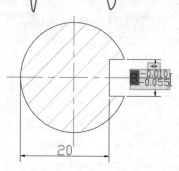

图 12-27　堆叠效果

Step 09 在绘图区空白处单击鼠标左键，退出编辑状态，完成阶梯轴剖面图的绘制，如图 12-28 所示。

Step 10 在状态栏上单击"显示线宽"按钮，效果如图 12-29 所示。

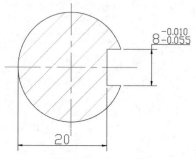

图 12-28　完成绘制

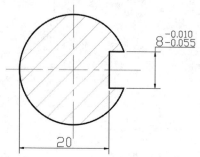

图 12-29　显示线宽

12.1.3　绘制阶梯轴模型

　　下面将绘制一个阶梯轴模型。通过学习本案例，读者能够熟练掌握在 AutoCAD 中如何使用"旋转""差集""拉伸"等命令，将二维图形创建为三维实体的操作，操作步骤如下。

Step 01 启动 AutoCAD 2016 软件，新建空白文档，将其保存为"阶梯轴模型"文件，将视图控件转化为"西南等轴测"视图，将视觉样式控件转化为"概念"，执行"绘图"→"建模"→"圆柱体"命令，绘制底面半径为 6mm、高为 15mm 的圆柱体，执行"三维旋转"命令，选中圆柱体并选择 Y 轴为旋转轴，将圆柱体旋转 90°，如图 12-30 所示。

Step 02 在"常用"选项卡的"绘图"面板中单击"螺旋"按钮，根据命令行提示，指定圆柱体顶面圆心为中点，设置底面半径和顶面半径为 6mm，圈高为 15mm，圈数为 10，如图 12-31 所示。

Step 03 切换为俯视图，执行"绘图"→"多段线"命令，绘制多段线图形，尺寸如图 12-32 所示。

图 12-30　绘制圆柱体

图 12-31　绘制螺旋线

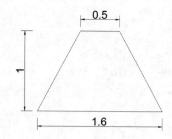

图 12-32　绘制多段线图形

Step 04 切换为"西南等轴测"视图，执行"绘图"→"建模"→"扫掠"命令，选择扫掠对象，如图 12-33 所示。

Step 05 按回车键，根据命令行提示，选择扫掠路径，完成螺纹实体的绘制，如图 12-34 所示。

Step 06 删除多段线图形。执行"绘图"→"建模"→"圆柱体"命令，捕捉刚创建的实体模型顶面圆心，绘制半径为 12mm、高为 40mm 的圆柱体，如图 12-35 所示。

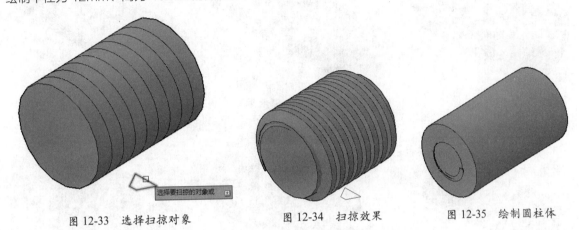

图 12-33　选择扫掠对象　　　　图 12-34　扫掠效果　　　　图 12-35　绘制圆柱体

Step 07 执行"修改"→"实体编辑"→"差集"命令，将扫掠实体从圆柱体中减去，制作出螺纹效果，如图 12-36 所示。

Step 08 切换为俯视图，执行"多段线"命令，绘制图形，如图 12-37 所示。

Step 09 切换为"西南等轴测"视图，执行"绘图"→"建模"→"拉伸"命令，将刚绘制的多段线图形向上拉伸 4mm，并移动到图中合适位置，如图 12-38 所示。

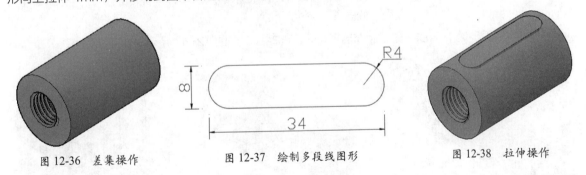

图 12-36　差集操作　　　　图 12-37　绘制多段线图形　　　　图 12-38　拉伸操作

Step 10 执行"修改"→"实体编辑"→"差集"命令，将刚拉伸出来的实体从模型中减去，如图 12-39 所示。

Step 11 执行"绘图"→"建模"→"圆柱体"命令，捕捉模型底面圆心，绘制半径为 12.5mm、高为 32mm 的圆柱体，如图 12-40 所示。

Step 12 切换为"东北等轴测"视图，执行"修改"→"实体编辑"→"倒角边"命令，根据命令行提示，设置倒角距离为 1mm，对实体模型进行倒角操作，如图 12-41 所示。

Step 13 切换为"西南等轴测"视图，执行"绘图"→"建模"→"圆柱体"命令，捕捉实体底面圆心，绘制半径为 14mm、高为 4mm 的圆柱体，如图 12-42 所示。

Step 14 继续执行当前命令，绘制半径为 12.5mm、高为 39mm 的圆柱体，如图 12-43 所示。

Step 15 执行"修改"→"实体编辑"→"倒角边"命令，根据命令行提示，设置倒角距离为 1mm，对实体模型进行倒角操作，如图 12-44 所示。

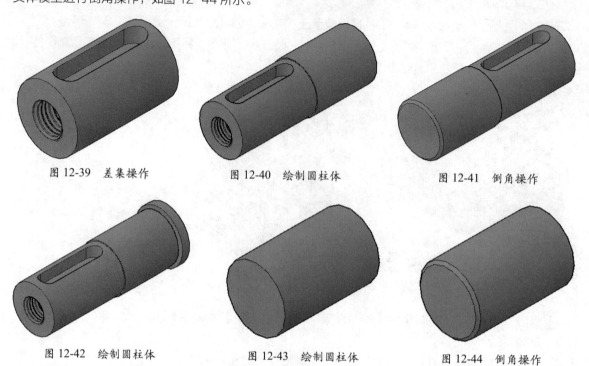

图 12-39　差集操作　　　　图 12-40　绘制圆柱体　　　　图 12-41　倒角操作

图 12-42　绘制圆柱体　　　　图 12-43　绘制圆柱体　　　　图 12-44　倒角操作

Step 16 捕捉实体模型底面圆的圆心，将倒角后的模型进行对齐，如图 12-45 所示。

Step 17 执行"绘图"→"建模"→"圆柱体"命令，捕捉刚创建的实体模型顶面圆心，绘制半径为 12mm、高为 45mm 的圆柱体模型，如图 12-46 所示。

Step 18 按照前面步骤 1~7 的操作，制作出模型内部的螺纹，如图 12-47 所示。

图 12-45　对齐操作　　　　图 12-46　绘制圆柱体　　　　图 12-47　制作螺纹

Step 19 切换为俯视图，执行"多段线"命令，绘制多段线图形，如图 12-48 所示。

Step 20 切换为"西南等轴测"视图，执行"绘图"→"建模"→"拉伸"命令，将刚绘制的图形向上拉伸 4mm，并移动到图中合适位置，如图 12-49 所示。

Step 21 执行"修改"→"实体编辑"→"差集"命令，将刚拉伸出来的实体从模型中减去，如图 12-50 所示。

Step 22 执行"修改"→"三维操作"→"三维旋转"命令，将刚绘制的模型沿 Z 轴旋转 180°，如图 12-51 所示。

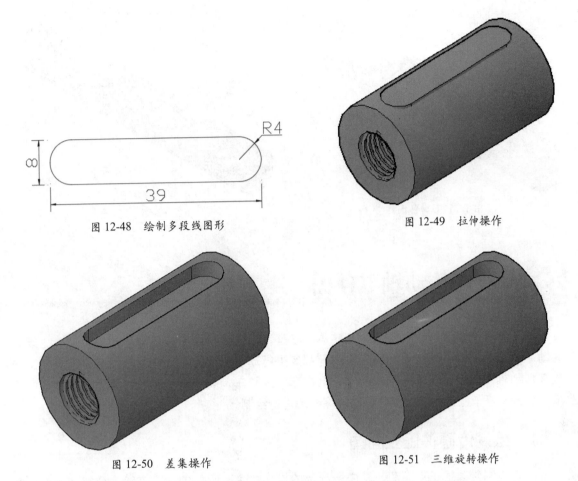

图 12-48　绘制多段线图形　　　　　图 12-49　拉伸操作

图 12-50　差集操作　　　　　图 12-51　三维旋转操作

Step 23 捕捉实体模型底面圆的圆心，将旋转后的模型进行对齐，如图 12-52 所示。

Step 24 执行"修改"→"实体编辑"→"并集"命令，将模型合并成一个整体，如图 12-53 所示。

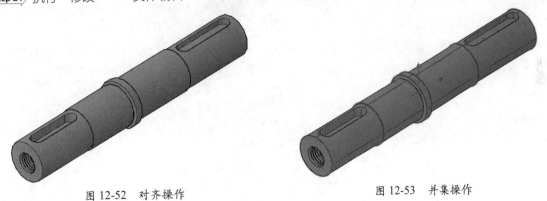

图 12-52　对齐操作　　　　　图 12-53　并集操作

Step 25 执行"修改"→"实体编辑"→"倒角边"命令，根据命令行提示，设置倒角距离为 1mm，对实体模型进行倒角操作，如图 12-54 所示。

Step 26 执行"修改"→"实体编辑"→"圆角边"命令，根据命令行提示，设置圆角半径为 1mm，对模型进行倒圆角操作。至此，完成了阶梯轴模型的绘制，如图 12-55 所示。

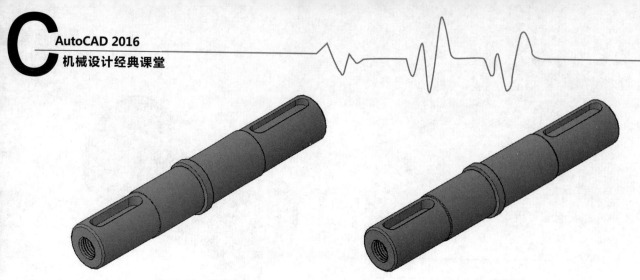

图 12-54 倒角操作 图 12-55 完成绘制

12.2 绘制传动轴零件图

　　传动轴是一个高转速、少支承的旋转体，它是汽车传动系统中传递动力的重要部件。因此它的动平衡至关重要。一般传动轴在出厂前都要进行动平衡试验，并在平衡机上进行调整。专用汽车传动轴主要用在油罐车、加油车、洒水车、消防车、高压清洗车、道路清障车、高空作业车、垃圾车等车型上。下面将对传动轴零件图进行绘制。

12.2.1 绘制传动轴正立面图

　　下面将绘制传动轴正立面图，其中所涉及的操作命令有图层创建、直线、分解、倒角、多段线等。操作步骤如下。

Step 01 启动 AutoCAD 2016 软件，新建空白文档，将其保存为"传动轴"文件。新建"中心线""轮廓线"和"尺寸标注"等图层，设置图层颜色、线型及线宽，如图 12-56 所示。

Step 02 设置"轮廓线"图层为当前层，执行"绘图"→"矩形"命令，绘制长为 29mm、宽为 15mm 的矩形图形，如图 12-57 所示。

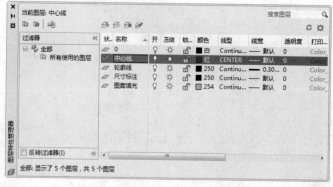

图 12-56 创建图层

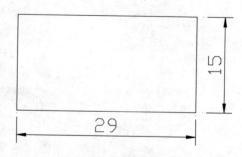

图 12-57 绘制矩形图形

Step 03 继续执行当前命令，分别绘制长为 21mm、宽为 17mm 和长为 2mm、宽为 15mm 的矩形图形，并捕捉宽边的中点进行对齐操作，如图 12-58 所示。

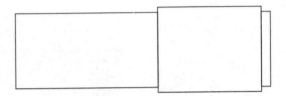

图 12-58 绘制矩形图形

Step 04 按照同样的方法，绘制其余矩形图形，尺寸如图 12-59 所示。

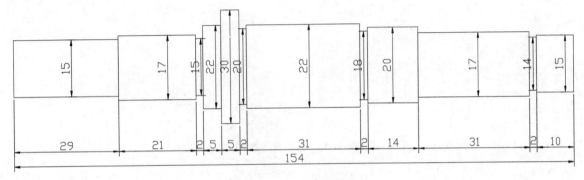

图 12-59 绘制矩形图形

Step 05 执行"修改"→"分解"命令，将矩形图形进行分解，如图 12-60 所示。

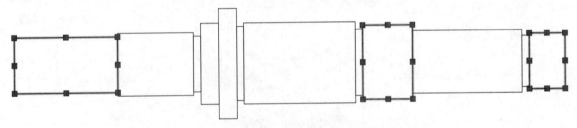

图 12-60 分解矩形图形

Step 06 执行"修改"→"偏移"命令，将矩形边线向内进行偏移，如图 12-61 所示。

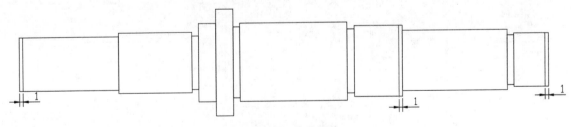

图 12-61 偏移线段

Step 07 执行"修改"→"倒角"命令，设置倒角距离为 1mm，对偏移后的矩形进行倒角操作，如图 12-62 所示。

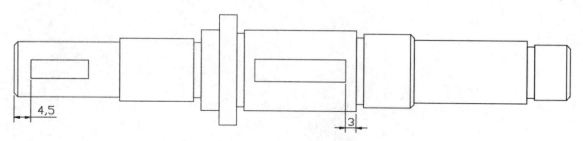

图 12-62　倒角操作

Step 08 执行"绘图"→"矩形"命令，分别绘制长为 16mm、宽为 5mm 以及另一个长为 25mm、宽为 6mm 的矩形图形，如图 12-63 所示。

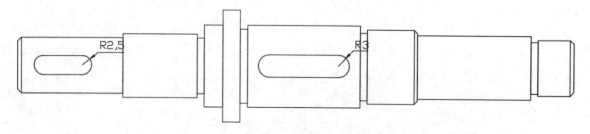

图 12-63　绘制矩形图形

Step 09 执行"修改"→"圆角"命令，分别设置圆角半径 2.5mm 和 3mm，对刚绘制的矩形图形进行圆角操作，如图 12-64 所示。

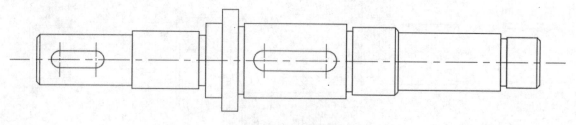

图 12-64　圆角操作

Step 10 设置"中心线"图层为当前层，执行"绘图"→"直线"命令，分别绘制长 170mm 和 10mm 的中心线，并设置线型比例为 0.3，如图 12-65 所示。

图 12-65　绘制中心线

Step 11 执行"多段线"和"文字注释"命令，设置多段线宽度为 0.1mm，绘制截面符号，如图 12-66 所示。

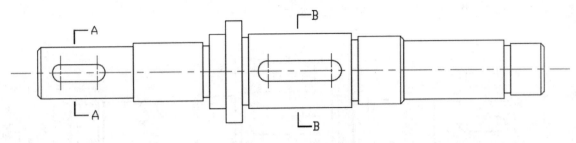

图 12-66 绘制截面符号

Step 12 执行"标注"→"线性"和"多重引线"命令，对传动轴进行尺寸标注，如图 12-67 所示。

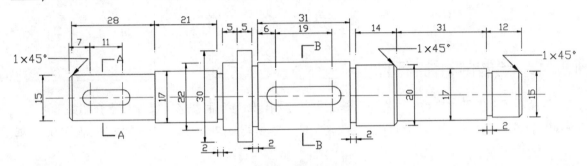

图 12-67 尺寸标注

Step 13 双击左侧竖向尺寸标注，进入编辑状态，输入直径符号，如图 12-68 所示。

Step 14 在绘图区空白处单击鼠标左键，退出编辑状态，效果如图 12-69 所示。

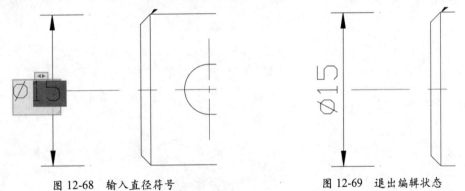

图 12-68 输入直径符号　　　　　图 12-69 退出编辑状态

Step 15 按照相同的方法，修改其他尺寸标注，完成传动轴正立面图的绘制，如图 12-70 所示。

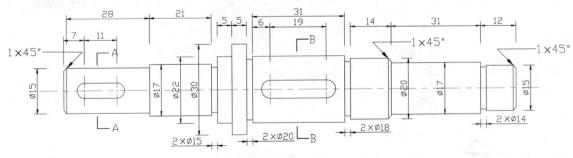

图 12-70 完成绘制

Step 16 在状态栏上单击"显示线宽"按钮，效果如图 12-71 所示。

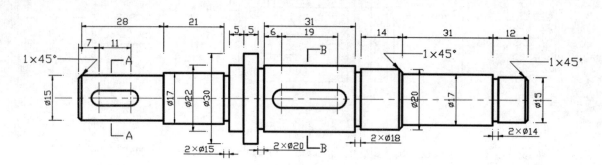

图 12-71 显示线宽

12.2.2 绘制传动轴剖面图

下面利用"圆""直线""修剪"等命令，绘制传动轴剖面图形，操作步骤介绍如下。

Step 01 设置"中心线"图层为当前层，绘制两条长 20mm 垂直的中心线，并设置线型比例为 0.1，如图 12-72 所示。

Step 02 设置"轮廓线"图层为当前层，执行"绘图"→"圆"命令，捕捉中心线的交点，绘制半径为 7.5mm 的圆图形，如图 12-73 所示。

Step 03 执行"绘图"→"矩形"命令，绘制长为 2.5mm、宽为 5mm 的矩形图形，放在绘图区合适位置，如图 12-74 所示。

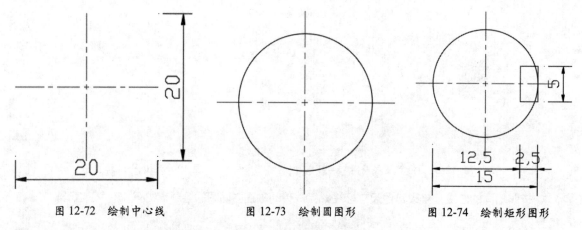

图 12-72 绘制中心线　　　图 12-73 绘制圆图形　　　图 12-74 绘制矩形图形

Step 04 执行"修改"→"修剪"命令，修剪掉多余的线段，如图 12-75 所示。

Step 05 执行"绘图"→"图案填充"命令，设置图案名为 ANSI31，比例为 0.5，其余参数保持不变，对传动轴剖面图进行图案填充，如图 12-76 所示。

Step 06 执行"标注"→"线性"和"半径"命令，对传动轴剖面图进行尺寸标注，完成传动轴剖面图 A-A 的绘制，如图 12-77 所示。

Step 07 在状态栏上单击"显示线宽"按钮，效果如图 12-78 所示。

Step 08 按照相同的方法绘制传动轴剖面图 B-B，如图 12-79 所示。

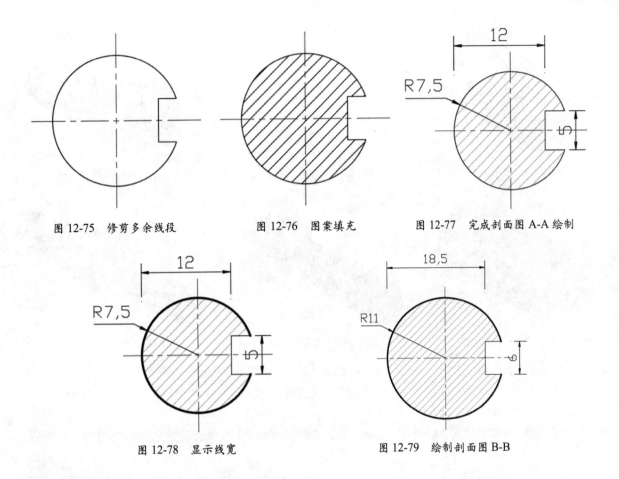

图 12-75　修剪多余线段　　　　图 12-76　图案填充　　　　图 12-77　完成剖面图 A-A 绘制

图 12-78　显示线宽　　　　　　　　　　图 12-79　绘制剖面图 B-B

12.2.3　绘制传动轴模型

　　下面将绘制一个传动轴模型。其中涉及的三维命令有拉伸、圆柱体、倒角边等。操作步骤如下。

Step 01 启动 AutoCAD 2016 软件，新建空白文档，将其保存为"传动轴模型"文件，将视图控件转化为"西南等轴测"视图，将视觉样式控件转化为"概念"，执行"绘图"→"建模"→"圆柱体"命令，绘制底面半径为 7.5mm、高为 28mm 的圆柱体，执行"三维旋转"命令，将该圆柱体以 Y 轴为旋转轴，旋转 90°，如图 12-80 所示。

Step 02 切换为俯视图，执行"绘图"→"多段线"命令，绘制多段线图形，如图 12-81 所示。

Step 03 切换为"西南等轴测"视图，执行"绘图"→"建模"→"拉伸"命令，将多段线图形向上拉伸 2.5mm，并放在绘图区合适位置，如图 12-82 所示。

Step 04 执行"修改"→"实体编辑"→"差集"命令，将刚拉伸出来的模型从实体中减去，如图 12-83 所示。

Step 05 执行"绘图"→"建模"→"圆柱体"命令，分别绘制底面半径为 6.5mm、高为 21mm，底面半径为 7.5mm、高为 2mm，底面半径为 11mm、高为 5mm 和底面半径为 15mm、高为 5mm 的 4 个圆柱体，并捕捉之前圆柱体的底面进行对齐，如图 12-84 所示。

Step 06 继续执行当前命令，绘制底面半径为 10mm、高为 2mm 和底面半径为 11mm、高为 31mm 两个圆柱体，如图 12-85 所示。

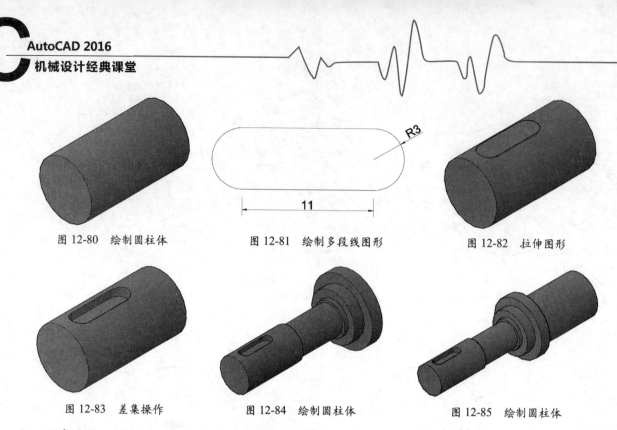

图 12-80　绘制圆柱体　　　　图 12-81　绘制多段线图形　　　　图 12-82　拉伸图形

图 12-83　差集操作　　　　图 12-84　绘制圆柱体　　　　图 12-85　绘制圆柱体

Step 07　切换为俯视图，执行"绘图"→"多段线"命令，绘制多段线图形，如图 12-86 所示。

Step 08　切换为"西南等轴测"视图，执行"绘图"→"建模"→"拉伸"命令，将多段线图形向上拉伸3.5mm，并放在绘图区合适位置，如图 12-87 所示。

Step 09　执行"修改"→"实体编辑"→"差集"命令，将刚拉伸出来的实体从模型中减去，如图 12-88 所示。

图 12-86　绘制多段线图形　　　　图 12-87　拉伸操作　　　　图 12-88　差集操作

Step 10　执行"绘图"→"建模"→"圆柱体"命令，分别绘制底面半径为 9mm、高为 2mm，底面半径为 10mm、高为 14mm，底面半径为 8.5mm、高为 31mm，底面半径为 7mm、高为 2mm 以及底面半径为 7.5mm、高为 10mm 5 个圆柱体，并捕捉之前圆柱体的底面进行对齐，如图 12-89 所示。

Step 11　执行"修改"→"实体编辑"→"倒角边"命令，对实体进行倒角处理，完成传动轴模型的绘制，如图 12-90 所示。

图 12-89　绘制圆柱体　　　　图 12-90　倒角边操作

附录 A

认识 UG

UG 是美国 UGS 公司的主导产品，是一款集 CAD/CAM/CAE 于一体的三维参数化设计软件，功能强大，可以轻松实现各种复杂实体及造型的建构，为用户的产品设计及加工过程提供了数字化造型和验证手段。UG 实现了设计优化技术与基于产品和过程的知识工程的组合。该软件能够为各种规模的企业提供可测算的价值；能够使企业产品更快地进入市场；能够使复杂的产品设计与分析简单化；能够有效地降低企业的生产成本并增加企业的市场竞争实力。

UG 的应用领域

UG 在诞生之初主要用于工作站，但随着 PC 硬件的发展和个人用户的迅速增加，在 PC 上的应用取得了迅猛的发展，目前已经成为模具行业三维设计的主流应用软件。UG 的开发始于1990 年 7 月，它是基于 C 语言开发实现的，其设计思想可灵活地支持多种离散方案，因此该软件可以应用于很多领域。

UG 在它所触及的各行各业中其应用程度和深度各不相同，但其效果是显著的。它的强大功能令世界为之称赞。UG 已广泛应用于航空航天、汽车、造船、通用机械和电子等工业领域。UG 提供了一个基于过程的产品设计环境，使产品开发从设计到加工，真正实现了数据的无缝集成。从而优化了企业的产品设计与制造，如图 A-1 ～ 图 A-4 所示为使用UG 制作的效果图。

图 A-1　机械效果图

图 A-2　电机模型效果图

图 A-3　汽车模型效果图

图 A-4　电器模型效果图

UG 的工作界面

安装了 UG 软件后，用户可以通过双击桌面上的快捷图标来启动 UG，其工作界面如图 A-5
所示，其中包括标题栏、菜单栏、工具栏、绘图区、坐标系、快捷菜单栏、资源工具条、提示
栏和状态栏等部分。

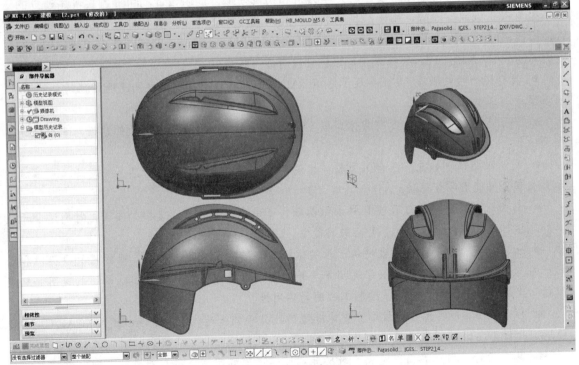

图 A-5　UG 工作界面

（1）标题栏

在 UG 工作界面中，窗口标题栏的用途与一般 Windows 应用软件的标题栏用途大致相同。

在此，标题栏的主要功能用于显示软件版本与用户应用的模块名称，并显示当前正在操作的文件及状态。

（2）菜单栏

菜单栏包含了 UG 软件所有的功能。系统将所有的命令或设定选项予以分类。单击菜单栏中任何一个功能时，系统会打开下拉菜单，并显示出该功能菜单包含的相关命令。

（3）工具栏

工具栏位于菜单栏下面，它以简单、直观的图标来表示每个工具的作用。单击图标按钮就可以启动相对应的 UG 软件功能，相当于从菜单区逐级选择到的最后命令。

（4）提示栏

提示栏位于绘图区的上方，其主要用途在于提示用户操作的步骤。在执行每个命令时，系统均会在提示栏中显示用户必须执行的操作，或提示使用者下一个操作。

（5）绘图区

绘图区是以窗口的形式呈现的，占据了屏幕的大部分空间，可用于显示绘图后的图素、分析结果等。

UG 的特点

UG 具有强大的实体造型、曲面造型、虚拟装配和产生工程图等设计功能。在设计过程中可进行有限元分析、机构运动分析、动力学分析和仿真模拟，提供设计的可靠性。可用建立的三维模型直接生成数控代码，用于产品的加工，其处理程序支持多种类型的数控机床。另外，该软件所提供的二次开发语言 UG/open Grip、UG/open API 简单易学，实现功能多，便于用户开发专用 AutoCAD 系统应用。具体来说，该软件具有以下特点：

● 具有统一的数据库，真正实现了 AutoCAD/CAE/CAM 等各模块之间无缝数据的自由切换，可实施并行工程。

● 采用复合建模技术，可将实体建模、曲面建模、线框建模、显示几何建模与参数化建模融为一体。

● 用基础特征（如孔、凸台、型腔、槽沟、倒角等）建模和编辑方法作为实体造型基础，形象直观，并能用参数驱动。

● 曲面设计采用非均匀有理 B 样条做基础，可用多种方法生成复杂的曲面，特别适合于汽车外形设计、汽轮机叶片设计等复杂曲面造型。

● 出图功能强，可十分方便地从三维实体模型直接生成二维工程图。能按照 ISO 标准和国标标准标注尺寸、形位公差和汉字说明等。并能直接对实体做旋转剖视图、阶梯剖视图和轴测图挖切生成各种剖视图，增强了绘制工程图的实用性。

● 以 Parsolid 为实体建模核心，实体造型功能处于领先地位，目前 AutoCAD/CAE/CAM 软件均以此作为实体造型基础。

● 具有良好的用户界面，绝大多数功能都可通过图标实现；进行对象操作时，具有自动推理功能；同时，在每个操作步骤中都有相应的提示信息，便于用户做出正确的选择。

附录 B

认识 Pro/Engineer

Pro/Engineer 是美国 PTC（参数技术）公司所研发的 3D 实体模型设计系统，它能将产品从设计至生产的过程集成在一起，让所有的用户同时进行同一产品的设计制造工作，即所谓的并行工程。该软件目前共有 80 多个专用模块，涉及工业设计、机械设计、功能仿真、加工制造等方面，为用户提供了全套解决方案。与 AutoCAD 相比，Pro/Engineer 具有完善的 3D 实体模型设计系统和以特征为基础的参数式模型结构，尤其是模具设计、零件装配图等方面有出色的表现。

Pro/Engineer 的特点

Pro/Engineer 作为一种全参数化的计算机辅助设计系统，与其他计算机辅助设计系统相比拥有许多独特的特点，充分了解这些特点后能够正确理解其设计理念。其产品的设计不仅能够满足要求，而且具有很强的弹性和灵活性，下面将对其特点进行简要介绍。

（1）三维实体造型

Pro/Engineer 是一个实体建模器，允许在三维环境中通过各种造型手段达到设计目的，能够将用户的设计思想以最逼真的模型表现出来，更直接地了解设计的真实性，避免了设计中的点、线、面构成几何的不足。

（2）以特征造型为基础

Pro/Engineer 是一个基于特征的实体建模工具，系统认为特征是组成模型的基本单元，实体建模是通过多个特征创建完成的，也就是说实体模型是特征的叠加。

（3）参数化

Pro/Engineer 是一个全参数化的系统，几何形状和大小都是由尺寸参数控制的，可以随时修改这些尺寸参数并对设计对象进行分析，计算出模型的体积、面积、质量、惯性矩形等特征之间存在着相依的关系，即所谓的"父子"关系，使得对某一特征的修改，同时会牵动其他特征的变更；可以运用强大的数学运算方式，建立各特征之间的数学关系，使得计算机能自动计算出模型应有的形状和固定位置。

（4）相关性

Pro/Engineer 创建的三维零件模型以及由此产生的二维工程图、装配部件、模具、仿真加工等，它们之间双向关联，采用单一的数据管理，既可以减少数据的存储量以节约磁盘空间，又可以在任何环节对模型进行修改，保证了设计数据的统一性和准确性，也避免了因复杂修改而花费大量的时间。

（5）系列化

Pro/Engineer 能够依据创建的原始模型，通过家族表改变模型组成对象的数量或尺寸参数，建立系列化的模型，这也是建立国家标准件库的重要手段之一。

Pro/Engineer 的工作界面

Pro/Engineer 是一款优秀的 3D 实体模型设计软件，新建或打开一个模型文件，即可进入工作界面，可以看到，Pro/Engineer 的工作界面由菜单栏、工具栏、信息栏、导航栏、绘图区等部分组成，如图 B-1 所示。

图 B-1　Pro/Engineer 工作界面

（1）菜单栏

和其他标准的窗口化软件一样，Pro/Engineer 将大部分的系统命令集成到菜单栏中，为用户提供了基本的窗口操作命令与建模处理功能。

（2）工具栏

Pro/Engineer 有两种工具栏：标准工具栏和特征工具栏。标准工具栏用于文件新建、打开、保存、打印等操作；特征工具栏又称为快捷菜单栏，它的快捷菜单集成了大部分的特征建立命令，这样不但方便了用户的使用，同时减少了用户移动鼠标的频率和次数，大大提高了作图的效率。

（3）信息栏

在操作过程中，相关的信息会显示在该区域中，如特征常见步骤提示、警告提示、出错信息、结果和数值输入等。

默认的信息栏显示最后几次信息。可以利用滚动条查看以前曾出现过的提示信息，也可以通过直接拖动来调整显示的行列数。刚开始学习时建议用户在操作过程中随时注意信息栏给出的提示内容，以明确命令执行的结果与系统响应的各种信息。系统根据不同的情况以特定的图标显示不同的信息。

（4）导航栏

导航栏包括四个页面选项："模型树或层树""文件夹浏览器""收藏夹"和"连接"。"模型树"中列出了活动文件中的所有零件及特征，并以树的形式显示模型结构；"层树"可以有效组织和管理模型中的层。"文件夹浏览器"类似于 Windows 的"资源管理器"，用于浏览文件。"收藏夹"用于有效组织和管理各种资源。"连接"用于连接网络资源以及网上协同工作。

（5）绘图区

窗口的中间区域是最重要的绘图区，是模型显示的主视图区，在此区域用户可以通过视图操作进行模型的旋转、平移、缩放和选取模型特征，执行编辑和变更操作。

二维绘图及三维建模

在 Pro/Engineer 的设计过程中，单纯绘制并使用二维图形的情况并不多见，更多的是使用二维绘图方法来创建三维模型。Pro/Engineer 软件中提供了强大的三维模型功能，包括拉伸、旋转、扫描、混合等特征。

1. 二维草图绘制

绘制二维草图的大致流程介绍如下。

（1）首先粗略地绘制出图形的几何形状，即"草绘"。如果使用系统默认设置，在创建几何图元移动鼠标时，草绘器会根据图形的形状自动捕捉几何约束，并以红色显示约束条件。几何图元创建之后，系统将保留约束符号，且自动标注草绘图元，添加"弱"尺寸，并以灰色显示。

（2）草绘完成后，用户可以手动添加几何约束条件，控制图元的几何条件以及图元之间的几何关系，如水平、相切、平行等。

（3）根据需要，手动添加"强"尺寸，系统以白色显示。

（4）按草图的实际尺寸修改几何图元的尺寸（包括强尺寸和弱尺寸），精确控制几何图元的大小、位置，系统将按照实际尺寸再生图形，最终得到精确的二维草图。

2. 三维建模

零件建模是产品设计的基础，而组成零件的基本单元是特征，下面将简单介绍几种基础特征。

（1）拉伸特征

拉伸是指将曲线或封闭曲线按指定的方向和深度拉伸成曲面或实体特征。拉伸的特点是在拉伸过程中曲面和截面的大小、方向和形状均不会发生变化。需要注意的是，创建实体时，其截面曲线必须是封闭的；创建曲面时，截面曲线可开放，也可封闭。

（2）旋转特征

旋转是指截面绕着一条中心轴线旋转而形成的形状特征。需要注意的是，先画中心线，作为旋转轴，且截面有相对于中心线的参数，否则，系统会提示截面不完整；若截面有两条以上的中心线，则需在操控面板中指定中心轴；如果旋转为实体，则截面必须封闭，否则系统将提示截面不完整，如果旋转成曲面，则截面可以不封闭；截面所有的图元须位于中心线的一侧。

（3）扫描特征

扫描是指将一个截面沿着一个给定的轨迹"掠过"而成。由一个图形截面绕着原始轨迹扫描而生成实体。创建扫描特征时，扫描轨迹的曲率半径必须大于截面的尺寸，否则系统处理数据时会出错。

Pro/Engineer 不仅简单易学，而且功能强大，利用该软件可以较轻松、便捷地设计出更加先进的机械设备。如图 B-2、图 B-3 所示的是利用 Pro/Engineer 制作的效果图。

图 B-2　家用电器效果图

图 B-3　机械零件三维效果